当我途经一片森林

植物的情感与谋略

庞越 著

中国林业出版社
China Forestry Publishing House

图书在版编目（ＣＩＰ）数据

当我途经一片森林：植物的情感与谋略 / 庞越著

. -- 北京：中国林业出版社，2023.10

ISBN 978-7-5219-2309-4

Ⅰ. ①当… Ⅱ. ①庞… Ⅲ. ①植物 Ⅳ. ① Q94

中国国家版本馆CIP数据核字（2023）第 161628 号

策划编辑：邹爱
责任编辑：袁丽莉 邹爱
封面设计：易莉
插画设计：龚芷倩 易莉
内文制作：谭珺

————————————

出版发行：中国林业出版社
（100009，北京市西城区刘海胡同 7 号，电话 83223120）
电子邮箱：cfphzbs@163.com
网址：www.forestry.gov.cn/lycb.html
印刷：河北京平诚乾印刷有限公司
版次：2023 年 10 月第 1 版
印次：2023 年 10 月第 1 次
开本：880mm×1230mm 1/32
印张：7
字数：270 千字
定价：68.00 元

神奇植物在哪里

几年前我路过江苏泗洪，顺路去了洪泽湖湿地公园，乘着小船在幽深的芦苇荡中沿着细窄的水道曲折前行。两边芦苇直立而上，如封似闭，像密不透风的高墙，将小船围在当中，给人强烈的压迫感。当小船好不容易拐过一个弯道时，眼前顿时豁然开朗——大片大片的荷叶彼此相接，由近及远，在水面上平坦整齐地铺陈开去，硬是从细密的芦苇荡中闯出了一片自己的天地，让人心胸为之一畅。而周围的芦苇似乎也并没有退缩，它们紧紧挨在荷叶四周，如同坚强的卫士在捍卫自己的家园。

在游客眼里，这无疑是一幅宁静祥和的自然景观。等到落日西垂、月华初起，如水的暮光静静地映照着芦苇与荷叶，远有风吟、近有虫鸣，更是令人心驰神远、浑然忘归，多数人都会为造化的神奇而感叹不已。

但在我看来，这一切都只是假象，芦苇和荷花并非和谐共处的典范，恰恰相反，它们是生存竞争的代表。在和谐表象下，潜伏着"你死我活"的斗争策略。

芦苇和荷花分属于不同的植物类型，有着不同的生长策略。它们的共同点只是都在浅水区生活，也正因为如此，它们需要竞争相同的生态空间。芦苇的策略是向高处发展，尽量拓展立体空间，以便从空中截取充足的阳光。为此它们长出了细细的茎秆，密密麻麻地伫立在水中，用集体的力量对抗侧风的袭击，并将细长的叶片挑起在空中，热烈地迎接着阳光的恩赐。与此同时，芦苇的根部则深扎在水下淤泥中，源源不断地从淤泥中抽取着营养物质，以此保证茎秆和叶片的快速生长，否则很快就会遭到其他芦苇的压制而永无出头之日。

问题在于，荷花也需要阳光，也需要从淤泥中抽取营养物质，不过荷花的策略却与芦苇有所不同，它们以巨大的叶片强化光合作用面积，获取能量的效率丝毫不弱于芦苇。而在水面之下，莲藕更是寸土必争，它们的藕节四处生长，奋力拓展着自己的疆域，有力保障了荷叶的后勤供应。

所谓一山不容二虎，芦苇和荷花需要争夺相同的营养和能量，两者长期以来一直在明争暗斗、势不两立。如果不是人工制造的景观，我们很难看到它们和谐共生的场景。或迟或早，总有一方会被彻底碾压出局，那就是自然选择的威力。

此前我比较关注动物的演化策略，受到此次游玩的启发，我开始关注植物，并有意写一本与植物演化策略相关的科普作品，为此我陆续收集整理了一些文献资料，对于植物有了更为全面的认识。正因为如此，当媒体人庞越找到我，希望我能为她的新书作序时，我便斗胆接受了这一极具挑战性的任务。读完初稿，我顿觉眼前一亮。作者笔下呈现了一个丰富且有人文气息的植物世界，令我受益颇丰。

这本书的内容相当丰富，作者提到了许多有趣的植物，并整合了大量文史知识，介绍了这些植物的前世今生，又用散文诗般的文字为我们诠释了不同植物的个性。有的冷酷，比如绞杀榕；有的精巧，比如兰花；有的大智若拙，比如番薯；有的八面玲珑，比如风滚草；有的情意绵绵，比如旅人蕉；有的见血封喉，比如箭毒木。还有无所事事置身局外的绿藻，无不令人印象深刻。其中，有几种神奇的植物尤其令我难以忘怀，沉稳自持的贝叶棕就是优秀的代表。

通过作者的介绍我才知道，贝叶棕的叶片经过简单处理，就可以作为纸张使用，曾经是记录历史与历法的重要载体，见证过许多人类文明的重要活动。贝叶棕的品种很多，各自的生物学表现也不相同。我们常说的贝叶棕与佛教有缘，贝叶棕这个名字本身，也带有浓郁的佛家气息。贝叶特指古代印度用以写经的树叶，它们曾一度陪伴在玄奘法师身边，记录着远道而来的行者的内心感悟。据说贝叶棕一生只开一次花、只结一次果，与世俗的植物有着微妙的区别，它们可能在以这种独特的方式，努力维持着超凡脱俗的尊严。

另一种神奇的植物可可树，则寓意炽热的情感，在苦与甜之间寻找着微妙的平衡，并因此而被人们与爱情联系了起来，以自己的果实见证了人类情感的每一次欢笑与哭泣，个中滋味，足以令人回味悠长、久久难忘。

我从这本书中不但读到了自然选择，还读到了国计民生。有些植物可以作为景观，有些植物可以作为食物，还有些植物可以作为药材。很多植物与我们的生活息息相关。当我们再次见到芦苇、荷花、牡丹、合欢等耳熟能详的植物时，应该如旧友重逢，有着说不出的亲切吧。

书中这样的例子还很多，每种植物都有着自己的独门绝技。从种子的计谋到植物的江湖，信息交流到形态变化，从生化战争到直接捕杀猎物。它们顺应着自然的力量，在中国大地的每个角落生根发芽，从江南到塞北、从海边到湖边、从雪岭到草原。随着作者的指引，到处都能见到神奇的植物，只要条件适合，它们在任何环境中都会毫不犹豫地开花结果、坚定不移地传宗接代，从不懈怠，从不退缩。它们身上时刻展示着生存的决心与生命的力量。

所以，这并不是一本普通的科普读物，其中，还饱含着浓郁的人文情怀和家园意识。作者将感性的语言与理性的思考融于一体，文笔清新细腻，通过不同的角度考察了不同植物的人文价值及生存策略，从中钩取植物与人类文明的内在联系，让我们在了解植物的同时，还回顾了它们的过去，温习了我们的传统，展望了我们共同的未来。作者用这种巧妙的方式提醒我们，所有人都生活在一荣俱荣、一损俱损的生态系统中。一枝一叶、一花一果，无不闪烁着生命的光辉。正是这些看似简单、实则神奇的植物，一刻不停地创造着勃勃的生机，为我们提供近乎完美的生活环境。

所以，谢谢这些神奇的植物，也谢谢作者对这些植物的引荐！

2023 年 5 月 21 日

于凤阳九华居

像植物一样生活

植物与花朵，是我生命中非常重要的一部分。

它们给予我很多，从小到大，与它们五感相交，那些道不清的共性与连接，让我被激励、治愈和滋养。

我一直试图厘清人类与植物之间那些隐秘的连接脉络，也试着用语言来写出我对植物的爱以及植物给予我的种种。但总觉得似乎每次都只有一条窄窄的通道，只能浅浅地触及和表达，不够宏大、细致和全面。

直到读完庞越新书的初稿，顿时有了一种豁然开朗的感觉，那些深埋于心，被混沌包裹的意识和情感，顷刻之间便有了依托，有了可以自由流泻的通道。

她从一粒种子写起："它们从一出世就自带万般武艺防身，孤身面对前路所有的艰险与未知。"莲子对发芽时机的等待，兰花在幽谷中的生命智慧，红树在海洋与陆地的交接处表现的生命内部的张力 …… 从植物延展及所有生物面对问题时的纠结与选择，反反复复地拉扯与考量，找到最适合自己的方式，与周围环境精准适应，和谐共生。

植物的江湖，有刀光剑影，是有情世界。鼩鼠与金钗石斛的相逢，那些来而复往的友情，狐猴和旅人蕉令人艳美的搭档关系，绿藻进入了蝾螈的体内，与其共生……它们成为朋友或敌人；它们共抗天敌，又各显其能。

就像作者所写："世间万物，有无相生。讲述植物的故事，也是在讲述人类自己的故事。"这是一本科普植物的书，但是一点都不笨滞晦涩，它很有趣味。古今中外，旁征博引；大江南北，风土人情，作者用诗意的语言，娓娓道来，让人在一种极度的舒适中缓缓走进植物的世界，解开一个又一个有关植物王国的未知密码，并由此反观我们的人生：怎样调伏自己的身心，与周遭和谐相处；怎样找到适合自己的节奏，长成自己喜欢的样子；怎样面对环境的恶劣和不利，做出利己不损他人的抉择；怎样去爱与被爱，成全自己及他人。植物在静默中，已经把无数生命智慧和生存道理教给了我们。

读完全书，当我洞晓那些我所不知道的植物复杂而艰辛的进化过程，以及生存的法则与密码后，我与它们产生了更为紧密的连接，那些混沌的部分终于清晰了，我清楚地看到自己生命中与之呼应的部分。也终于知道，我为什么那么爱植物了。

敲下这些字的时候，我家阳台上的植物，在一夏的阳光暴晒后，正在缓慢地恢复生气，三角梅和月季正在绽放。看到作者写："微小的芥子，能够容纳巨大的须弥山。兰花之于大千世界，正如芥子之于须弥山。纤弱的兰花种子里别有洞天，此刻，它不是一粒种子，而是喷薄而出的生命智慧。""佛经中最经典的刹那，莫过于佛祖拈花，迦叶微笑。性灵的顿悟，从一朵花开始，入眼入心，绽放于万千世界。"隔着文字，与作者会心微笑。

感谢庞越，让我们在途经一片森林时，不仅看到那些植物的情感与谋略，还看到智慧的光芒。

愿我们都像植物一样生活、生长，长成自己喜欢的样子。

2023 年 9 月 19 日

当我途经一片森林

这是一个很久很久以前的故事。

久到人类还有好几十亿年才能诞生，甚至地球表面还没有形成适宜生命存活的氧气。

最初的植物，曾经在万古如一的长夜里深居大海，仰望天空。这些闪烁着微弱生命之光的单细胞的藻类，成了地球幽冥岁月中的一点星火。借由潮水的力量，它们最终鼓足勇气，走向生命未曾探知的领域。

从触达陆地的那一瞬间开始，植物，点亮了这颗星球所有的季节。

人类已经无法设身处地地想象，植物是如何在荒芜的土地上扎下自己盘根错节的根系，又是如何开疆拓土、繁衍生息的。在今天的地球上，植物已经悄无声息地蔓延至各个角落。由它们释放出的氧气，养活了地球上绝大多数的生物。而在这个世界最隐蔽的角落里，植物，安静而忙碌地上演着自己的悲欢离合。

如同一场电影的开端和发展，植物的家族和种群中，逐渐出现了权谋斗争、爱恨纠缠。它们当中，有的笑傲江湖，身手不凡；有的工于心计，足智多谋；有的明眸巧笑，长袖善舞。如果植物会说话，它们的见闻和奋斗史，足以创造一个又一个人类闻所未闻的精彩剧本。

当代人只能借由沉寂的化石，窥探植物起源的秘密。

几年前，我有幸跟随深圳大鹏半岛国家地质公园的科研工作者考察。在大鹏湾一侧看似平平无奇的石山上，当我看见翻起的石块底部那精致的白色花纹时，身后应和着大海波澜的城市灯火，仿佛黯然失色。那是一些苏铁和蕨类植物的化石，整齐的叶片图案，像被白色的粉笔画在青灰色的板状泥岩上。举目四望，随处可见，但是又极易被风雨磨蚀。

那是我第一次没有透过博物馆的玻璃展柜，观察到化石在纯自然状态下的模样。石块上这些来自遥远地质年代，又随时可能消失在我们眼前的古老植物，正在和一座发展历史不过数十年的新兴城市，以一种浪漫而不可思议的方式将命运相连。

隐藏着化石的层层叠叠的岩石，被地质学家统一归类为沉积岩。它们是远古植物的"相册"，记录着它们生命中最精彩的瞬间。

通过化石，人类获知了植物的秘密。

世界上的第一朵花是何时出现的？生物学家达尔文提出的这个问题，曾经被植物学界称为"讨厌之谜"。在我们的地球上，种子植物分为裸子植物和被子植物。其中，被子植物又被称为有花植物，占据了植物种类的 3/4 以上。骄傲的花朵，以胜利者的姿态，铺满山峦和谷地。然而，人类对于植物为何进化出花朵、何时进化出花朵，在很长一段时间内一无所知。这个谜题，让进化论迟迟不能得到证实，长久处于被质疑的境地。

19 世纪末，乔治·福雷斯特等许多来自西方的探险家，为了寻找从无花到有花过渡阶段的植物，不远万里来到中国。位于中国西南的云南省，其得天独厚的地理位置和气候条件，使这里成了天然的物种基因库，也成了探险者梦寐以求的圣地。因为与植物命运相连，他们有了一个共同的称呼——植物猎人。

然而，这场在广阔山川中持续数百年的"捕猎"，并没有打动大自然，使其向人类透露一丝有利的线索。"讨厌之谜"的谜面，一直延续到了 1994 年。

美国佛罗里达州盖恩斯维尔小镇上普普通通的一天，居住在这里的植物学家大卫·迪尔切，收到了一封来自中国的信件。写信人是中国古植物学家孙革。迪尔切眼前的照片上，是一支排列整齐、长度约为 4 厘米的花序，其中还有 13 粒花粉。显微分析表明，它们是典型的被子植物花粉。这是一块年龄超过一亿两千万年的被子植物化石。

大自然的巧合与人生的际遇，往往就在电光火石的瞬间发生改变。这块发现于中国东北的化石，震惊了当时的科学界。

这块化石中的花序，名为星学花序。多年以前，美国著名孢粉学家曾在以色列发现过同样的化石。这说明，至少在一亿两千万年以前，这种盛开着花朵的被子植物，已经同时出现在今天的以色列和中国东北一带。花朵，那时已经绽放在了世界的许多角落。

但是，星学花序的植株，既然在当时已经出现了大面积传播，显然就不会是世界上最早出现的花朵。"讨厌之谜"的最终答案，依然笼罩在迷雾之中。

1996年秋天，孙革和科研团队在对辽西大地上采集的化石进行清理时，又发现了一块特殊的化石。化石中的植物枝条纤细，看似与现在随处可见的小草并无二致。然而，在显微镜下，它的枝条上，出现了40多个状如豆荚的果实，每枚果实中都包藏着数量不一的种子。这块化石，年龄大约1.3亿岁，与之相伴的各种化石证据表明，这块化石比此前发现的星学花序更为古老。

孙革将这块化石中的植物，命名为辽宁古果。在后续的挖掘中，科研团队又在同一个区域发现了含有辽宁古果花粉的化石，经过孢粉学家最终认定，这些花粉正是被子植物的花粉。辽宁古果，至此正式成为学术界公认的世界上最早的有花植物。

与自然选择的力量相比较，人类的探索和发现，总是显得微不足道。保留在岩层中的化石，就像植物家族的古老照片，记录下了一个个珍贵的瞬间。

其中，就包括了世界上的第一朵花是如何绽放的。

从化石的形态上看，辽宁古果的根茎非常纤弱，根本无法承受花朵与果实的重量。正常状况下，这样的植株根本无法直立。只有一种状况，能够让这株植物直立起来，那就是借助水的浮力。

于是，人类得以知晓，距今大约一亿三千万年前的水中，开出了世界上的第一朵花；也得以获知，这些花朵其貌不扬，却带来了地球生命"优化升级"的新讯息。相比于裸子植物，被子植物的花朵，让传粉与繁衍的形式，拥有了适应更多种环境的可能性。它们的果实，更加有利于为种子的成熟保驾护航。在亿万年的自然进化中，植物做出了自己的生死抉择。

　　后来的故事，大概你我都不难想象。在拥有了更加主动的选择权后，被子植物所向披靡、野蛮生长，一代又一代，它们开出更加艳丽的花朵，结出更加香甜的果实。从海洋走向陆地，植物的扩张，让地球逐渐氧气充足，生机盎然。

　　造就这一切的植物，未曾忘记祖先的教导。如何选择聪明的生存策略，是印刻在植物基因里的生存本能。植物，是早于我们多年就居住在这个星球上的邻居。它们用以延续生命的计策，经过亿万年的不断淘汰、重组与创新，为人类打开了惊喜与风险并存的重重大门。

　　世间万物，有无相生。

　　讲述植物的故事，也是在讲述人类自己的故事。

　　当然，笔者在写作中还存在不当和疏漏之处，敬请读者批评指正。

著者

2023 年 5 月 20 日

目 录

壹·种子的计谋

我对种子信心十足。只要告诉
我你有一粒种子，我就准备着期
待它创造奇迹。

——【美】亨利·戴维·梭罗

《种子的传播》

一切的一切，都始于一粒种子。

目前，种子植物占所有植物群的 90% 以上。犹如婴儿呱呱坠地，种子的生命，是这些植物家族中的头等大事。

初夏，金色的阳光带着草叶的芬芳，万物和煦。草坪上的孩子们嬉笑打闹，几个蹒跚学步的孩童，好奇地打量起了一片绿意中星星点点的白色蒲公英。

只消吹一口气，那些带着小伞的种子就会飘向远方。

就像某种来自造物世界的隐喻，蒲公英种子的使命和人类孩子一样，离开父母，探索世界。只不过，在微观世界里，种子的竞争往往在与母体分离的那一刻就已经开始。

植物界的优胜劣汰，远比我们想象的更加激烈。不像动物幼崽那样拥有父母的庇护，植物的种子从一出世就自带万般武艺防身，孤身面对前路所有的艰险与未知。

植物学家发现，蒲公英在接触到土壤

的那一刻起，就开始释放一种抑制其他植物生长的物质。这是蒲公英家族赠予每一粒种子的第一个"锦囊"，植物学家将植物之间这种能改变微生态环境、抑制近处其他物种生长的行为称为化感作用。

这可能是种子安家以后面临的第一场"恶战"。化感作用的强大与否，取决于植物种群的大小。也就是说，每一粒小小的种子，背后都是一个繁衍了许多世代的庞大家族。有的植物家族甚至会武装到花粉，在种子产生之前，就开始为种族的繁衍搭桥铺路。

关于植物化感作用的研究在近些年取得了突飞猛进的进展。但早在 2000 多年前，古人就观察到了植物化感作用的存在，也就是我们通常说的相生相克，而且还进行了应用与验证。在沈括《梦溪笔谈·辩证二》中有这样的记载："杨文公《说苑记》：江南后主患消暑阁前生草，徐谐令以桂屑布砖缝中，宿草尽死，谓《吕氏春秋》云'桂枝之下无杂木，盖桂枝辛螫故也。然桂为丁，以钉木中，其木即死'一丁至微，未必能螫大木，自其性相制耳。'"沈括的这则记载，引用了《说苑记》与《吕氏春秋》。中国北魏学者贾思勰在《齐民要术》一书中记载："慎勿于大豆地中杂种麻子，扇地。两损，而收并薄。"

深入了解植物化感作用的机理，可以为人类自身的发展打开一扇窗。日本植物化感专家藤井义晴从 1983 年起，先后研究了 1500 多种植物，从中筛选出一些化感作用强的植物，豆科绿肥苕子就是其中之一。并鉴定出苕子抑制杂草的主要成分为氨基氰（NH_2CN），这是世界上首次检定出来的天然化合物。氨基氰已知有打破种子休眠、除草、杀菌等效果。因此，将苕子作为前茬作物，不仅能固氮增加地力，还能抑制杂草、杀菌、减少化肥和农药的使用。

化感作用的研究成果正在不断服务农业生产。人们尽量避免把相克的植物种在一起，反过来则尽量把相生的植物种在一起，并利用化感作用研制除虫剂和除草剂。而为了避免植物的自毒作用，在农业生产中尽量进行轮作。

生长与希望，是所有物种发自本源的渴望。

何时发芽，可能是一株植物一生需要做出的最重要的决定——萌发太早，它可能会因为天气寒冷而被冻死；萌发太迟，它可能会在与其他早熟植物的竞争中败下阵来。在复杂多变的外部气候和环境面前，植物将何去何从呢？

英国伯明翰大学的研究人员在拟南芥的植物胚胎中，发现有一小组细胞的运作方式与人类大脑类似。这个"决定中心"里，存活着两种细胞，一种让种子保持休眠，另一种则会催促其赶紧萌发。两种细胞通过激素运动互相"交流"，决定植物发芽的时机。因此，植物在做出这个一生中最重要决定之前的"心理活动"，无异于人类做决定时，大脑中仿佛会同时出现一对意见相左的小人儿。恰恰是细胞之间的这种交流，决定了植物对周围环境的敏感程度。

也许，生而为人的你，在人生偶尔感到纠结的时候，可以释怀——纠结与选择，是所有生物面临的问题。唯有反反复复地拉扯与考量，让生物在面对这个光怪陆离的世界时，能更加精准地适应周围的环境。

发表于 2004 年的生命智力学论文称，

生命与智力同时起源。也就是说，所有生命都拥有不同形式、不同结构、不同层次的智力。

生命智慧竞赛的序幕一旦拉开，所有物种都无法置身事外。

自从200年前种子制造商的问世，种子之间的斗争，就波及了人类。优质的种子，成为明码标价的商品，被称为农业科技的"芯片"。充满智慧的种子，在更新进化了亿万年后，以一种更加强势的姿态再度站在了人类面前。

而对于每一粒微小的种子而言，从泥土中决定萌发的那一刹那起，在大千世界中的冒险之旅，才正式开始。

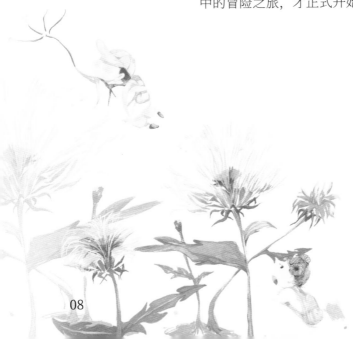

莲子·千年等一回

盛夏，西湖莲叶田田。

这座 900 多年前由北宋大文豪苏轼亲自主持疏浚的大湖，也许因为沾染了诗人的灵气，从古至今，走进了无数中国人的梦境。

中国美术学院陶艺专业博士李峥嵘，在 2017 年实现了他与西湖的梦幻联动。一盆栽种在宋代莲盆之内的特殊莲花，被放置在柳浪闻莺"荷花池头"石碑之下。

种植出这些莲花的古莲子，出土自山东济宁一处埋藏着北宋民间用品的遗存附近。

依旧是水光潋滟晴方好，依旧是望湖楼下水如天。穿越时空的古莲一开花，西湖仿佛又回到了 900 多年前，与苏轼相伴的日子。

这样的故事，对于一颗莲子来说并不稀罕。从掉落淤泥开始，莲子的性格似乎就比其他种子更为挑剔而又沉稳。它期待不徐不疾的水流和风速，以免将植株吹倒；它需要适宜的水温和气温，防止发芽后被冻伤；它更需要厚厚的淤泥，保证充足的营养。只要它认为时机不成熟，就宁愿选择不发芽。

偏生世上诸事，常常不能十全十美。没有遇到合适时机与环境的莲子，倔强地选择了年复一年的等待。

这样的等待要持续多久？莲子并不知道。从一亿多年前开始，它就在湖泽水汊处参悟着自己的生存之道。

我们不知道莲子为了在极度复杂的远古环境中存活下来，到底尝试过多少种途径，但最终，莲子选择了以不变应万变。自此，它的世界里，大道至简，万法归一。不过，虽然外表看上去处变不惊，莲子在人类肉眼难以察觉的细微之处，还是进行了一些了不起的改变。

为了延长后代的存活时间，莲花家族最先为孩子们准备的，是一层特制的"铠甲"。每一颗莲子表面，都覆盖着厚厚的蜡质。表皮层之下的栅栏组织和厚壁组织，特地经过了用于降低透水透气性能的栓质化处理。加上再下一层的海绵组织、下表皮，莲子一出生，就自带 6 层"衣料"层层织就的外套，仿佛置身于一个隔水防虫的"密封舱"内。

人类从大约 1000 年前才开始使用单向阀，而莲子对这种工具的使用早已信手拈来。莲子的种皮，能够严密监测周围环境湿度，调节水分的出入。当周围环境的湿度高于 10%，莲子的种皮就会关闭"阀门"，令水分无法渗透，保持种子内部的干燥；当莲子内细胞含水量高于 10%，这个"阀门"又会重新开放，维护水分的内外畅通。

然而，即便是拥有了一件设计如此精巧的"金钟罩"，脱离母体的莲子依然会遭遇干燥、缺氧等不适宜萌发的情景。面对这个凶险异常的世界，莲子修炼成了终极大招——休眠。

都说睡眠是保存和恢复体力的良方，在自然界，蛇、棕熊等等许多动物，保持着在温度太低的情况下冬眠的习性。动物储存好营养，通常能够沉睡一冬，莲子则任性地选择了一直沉睡。20世纪20年代初，日本植物学家大贺一郎在辽宁半岛的普兰店购买了一批寿命在400岁以上的莲子，最终通过研究发现，莲子的休眠，最长能够达到1300年之久。

假如秦始皇知道了莲子的故事，一定想拜其为师。耗费一代帝王毕生心血的长生之术，莲子看似轻轻松松就可以做到。莲子的休眠，并不是对外界困难纯粹的逃避。在长达千年的梦境中，这位植物界的"睡美人"在种子顶端给自己留下了一个微小的气室，储存了足够多年使用的空气，然后依靠祖传秘方，开始不断给自己进行抗氧化和蛋白修复的"美容"。十几种耐高温蛋白、抗氧化酶、膜连蛋白……每一服"长生不老药"，都是莲花家族永葆青春的良药。

于是，在一颗莲子内部，时空仿佛被无限拉长、放大。在无数次梦境与梦境的交错之间，莲子，来到了人类的身边。

江西省抚州市的广昌县，每当夏夜流萤漫天，人们就知道，荷塘里的莲蓬成熟了。

广昌县地处武夷山西麓，这里是江西省第二大河流抚河的源头。从血木岭淙淙流下的溪水，在驿前古镇姚西村前变成平缓的盱江。山峦环绕下，一片宽阔的洼地，无风无浪、光照充足。这里的水温长年维持在20至30摄氏度，深度适宜，底部又布满富含腐殖质的肥沃泥土，一切都如此恰到好处。

莲子苦苦等待的，就是这样一片温润的土地。

于是，这颗善于沉睡的种子，在这里选择苏醒过来。它终于勇敢地冲破一切禁锢，开启了自己的生命之旅。

广昌人没有辜负莲子的选择。每年农历六月廿四，是当地最隆重的节日——莲神节。相传隋唐年间，当地村民受灾，忍饥挨饿，苦不堪言。王母娘娘派了七位荷花仙童，帮助村民们度过灾荒、重建家园。

神话无据可考，但莲花池中盛产的莲藕由于淀粉含量极高，能够果腹充饥，在灾年成为救命糊口的粮食，是史书中反复记载的事实。因此，广昌人为莲花庆贺诞辰，庆贺的也是自己和莲花一样逆境求生的坚韧。

广昌人的莲花神庙，就在万亩荷塘中央。每年，人们抬着荷花仙童的雕像，吹

吹打打,沿途互赠莲花图案的糍粑,走过丰收的荷塘。在他们身侧,风荷万顷,袅袅婷婷。

仪式过后,采摘莲子的工作也进入了白热化阶段。一朵莲花的生命只有三天,每天凌晨绽放,为了躲避高温,莲花的花朵到了中午就会悄然合上,第二天凌晨再度开放。在此期间,如果莲花成功授粉,合上的花朵就再也不会打开,专心孕育莲子。莲蓬成熟后,如果不及时采摘,就会迅速干瘪。因此,莲农们要抢在合适的时机,将饱满硕大的莲蓬收入囊中。

成长于广昌荷塘里的莲子,又被称为通心白莲。所谓通心,是制作时要将莲心去掉,以免味苦;白莲之名,则缘于莲子外部的薄衣也要在晾晒之前就去掉,保证成品色白如玉。

被去掉的莲心,是莲子的胚芽。它保存着莲花家族基因密匙的核心机密,也是人类世界的苦口良药。和许多植物不同,新鲜莲子的胚芽是绿色的。这种罕见的胚芽颜色,得益于种子形成之初的光照。它确保莲子即使休眠,也能进行微弱的光合作用,保持种子的生命力。此外,胚芽中的叶绿素,保证了莲子有朝一日真的遇到了合适的水底淤泥,便能在弱光条件下保持萌发。长期的水生环境,没有消磨莲子对光的渴望。如果没有足够的外界条件,那么努力自己创造,又有何不可呢?

一颗莲子的奋斗史,有千年蛰伏,也有厚积薄发。或许古人从莲心的苦味中依稀感受到同样的人生滋味。

在武夷山麓的武夷山市,许多外出求学的年轻人,都会在离开家乡之前喝上一碗苦莲汤。带着莲心的莲子,入汤炖煮,带着微苦的清香和山岭水泽的气息，莲子内部原本为了自身抵抗老化而储存的淀粉，意外地为人类的味觉世界打开了新的大门。

这样的风俗，缘于南宋理学大家朱熹少年时的一段经历。相传朱熹的母亲常常以莲子入汤，奉劝儿子先苦后甜，努力进取。后来，朱熹刻苦攻读，年仅 19 岁就荣登进士。一千多年来，从武夷山脚下走出的学子不计其数，他们的年纪，都与当年求学赶考的朱熹相仿。莲子，在不经意间走进了中国人的精神世界。

种子的经历，恰如寻常世界中的你我，彷徨时韬光养晦，时机成熟时便努力向上、高歌进取。在坚定而漫长的等待之后，莲子在纷纷扰扰的世界里，终于找到了自己的落脚之处。此后，无论是霁月蝉鸣下的风雅，还是肃杀秋风里的枯瘦，莲，作为自然界"极简主义"坚定不移地奉行者，它的轮回，是诗性，也是佛性。

兰·浮生芥子纳须弥

公元 1233 年，闽南。

山谷覆盖着幽静的绿荫，阳光在树木的间隙中投射出光影，山风吹拂，泉水清冽。

这一年，黄河以北的大片土地上，蒙古军队在与金朝漫长的拉锯后，即将改变整个世界的格局。但是，在幽谷中缓步徐行的宗室后裔赵时庚，对此似乎毫不关心。他已经多次推拒了官场的琐事，一心回到故园山水。在这里，儿时与父亲共同的回忆，温暖着一个行将就木的时代中难以安顿的灵魂。

赵时庚正在寻找的，是他和父亲都钟爱的兰花。

赵时庚的童年记忆里满是兰花。这种植物枝叶修长，半倚石山，花开时分弥漫着馥郁的奇香。在中国，这种纤弱的花朵，从先师孔子写下《猗兰操》的时候开始，就一直象征着高贵洁净的品格。

在赵时庚终老的故乡，他修筑了一座清雅的庭院，引来清泉，将一生遍寻的兰花种植在修竹掩映的山石之间。

庭院，中国文人的终极梦想。与庭院中的兰花日夜相对的日子，是赵时庚最快乐的时光。他为兰花编纂了《金漳兰谱》。这是中国第一部全面记录兰花品种和习性的专著。赵时庚在书中为不同品种的兰花起好了名字：惠知客——柔弱瘦润；郑少举——莹然可爱；陈梦良——婉媚娇绰……

透过赵时庚和几千年来无数文人的目光，兰花，成了一种特殊的文化意象。似乎只要有了兰花，庭院之外所有的纷纷扰扰、世事变迁，都不足挂齿。

赵时庚和借酒浇愁的文人，对于短短几十年后南宋的倾覆、朝代的更迭，充满了命运的无力感。只有兰花的香气宠辱不惊，顺着中国文人的笔尖悠悠飘荡了几千年。

就在赵时庚寻找兰花的数百年后，一批来自英国的探险家和植物猎人，将来自世界各地的兰花摆放在了维多利亚女王的案头。这种拥有完美两侧对称形态的植物，迅速成为宫廷贵族的宠儿。因为难以移植，兰花在那时象征着皇室贵胄的高贵身份。

可能没有哪一种花像兰花一样，在东西方迥异的文化背景下这样左右逢源。事实上，自然界的兰科植物家族，远远超出了人类的想象。兰科植物在全世界多达两万多个种，在中国也超过了一千个种。因为种类和生长环境多样，兰花很快排在了植物学家"心愿清单"上数一数二的位置。

如果兰花能够意识到人类如此热烈地追捧，可能要露出它惯有的狡黠神情。兰科植物得以发展成为一个无比庞大的家族，其实一肚子"花招"。它们有的伪装成传粉动物的巢穴，有的干脆假扮成动物，有的散发出昆虫喜爱的气味，使出浑身解数，只为给自己创造繁衍的空间。

在这样的"家庭教育"下，兰花的种子，天生就是足智多谋的宝宝。不像很多植物为自己的种子备齐了粮草，兰花的种子选择轻装上阵。一颗兰花种子，长度往往只有 0.5 到 0.6 毫米，宽度比一根头发的直径大不了多少。全世界最小的种子，直径 70 微米左右，远远超过了人类肉眼可以分辨的极限，就是小斑叶兰的种子。

在一颗兰花种子中，种皮占据了绝大部分空间，但是胚却很小，而且没有负责提供营养的胚乳和子叶。在兰花种子的外种皮内部，具有许多空腔，种皮外面，则被一层排列紧密的细胞紧紧裹围。这样，兰花的种子为自己营造了一个轻便、防水的"空气胶囊"，既能御风而行，又能实现"轻功水上漂"，传播力非常强大。

然而，由于没有准备足够的营养物质，兰花的种子生存能力并不强。在漫长的进化过程中，兰花家族俨然不想解决这个问题，而是另辟蹊径，想出了另外一招：以

量取胜。兰花的每个蒴果内，都有可能包含了上万、甚至十几万粒种子。这样，即使种子的萌发率不高，也能靠数量保证家族的延续。

除此之外，兰花还找好了合适的帮手。科学家在研究兰花的各个部位后发现，兰花的根茎中，存在着一定数量的真菌。甚至在生长着兰花的松林和栎树林下，能肉眼看见许多白色的菌丝。这说明，微小的兰花种子，在异常柔弱的萌芽阶段，常常从真菌那里获得帮助。

从我记事开始，兰花就是家里的"宝贝"。姥爷是个酷爱兰花的人。在城市狭小的阳台上，兰花不及在自然中那样恣意奔放地盛开，也不及山茶和桂花那样高挑笔挺。但是兰花一开，全家人都高兴得紧。兰花开的时节，每个人都会在阳台上多享受一会儿，空气里那阵似有若无的清香，一天的时光都变得清新而柔和。有的兰花两三年才盛开一次，对花的等待，也是一家人最幸福的时光。我常常觉得，兰花对于一个读书人的重要性，或许早就埋在姥爷的心底，也早就成了所有养兰人的共识。

种植兰花的人都知道，兰与菌一损俱损，一荣俱荣。对兰花有益的菌群，被称为"兰菌"。控制菌群的种类和数量，是养兰人的必修课。因此，在养兰花的盆子里长出蘑菇，并不是什么稀奇的事情。对于这个复杂的世界，看似弱小的兰花种子并不畏惧。也许上天没有赐给它一副强壮的体格，但是，高超的智商和计谋，成就了它最高级的美感。

如何在野外寻找一株兰花？答案从古至今都一样。造访兰花的过程，就像寻找一位深山里的隐士，有时云深不知处，有时却在不经意间拨云见日，柳暗花明。

广西壮族自治区百色市以北一百多公里的乐业县，二十多个巨型坑洞从地面绝壁深陷，垂直下降，构筑出一个隐蔽的地下世界。在广西雅长兰科植物国家级自然保护区工作的邓振海，对这个举世罕见的天坑群的感情很深。

每次走在天坑底部，都像进入了一个异次元的世界。这个神秘王国距离人类的足迹如此遥远，以至于其中的动植物种类极其原始。人类在它们面前，不过是一个偶然到来的访客。2004年，一株玫瑰粉色的兰花出现在了邓振海例行巡山的途中。他从来没有见过有兰花如此娇媚，又如此纤尘不染。低垂的花朵随风颤动，色彩就像晚晴风歇后的云霞。

山谷的微风，触动了邓振海生命中最难忘的那个初夏的六月。

邓振海和同事们很快发现了这株兰花不凡的身世——贵州地

宝兰。这种兰花上一次出现在人类面前，还是 1921 年，德国植物分类学家斯彻莱彻特在贵州省罗甸县发现了这种美丽的兰花。惊鸿一瞥后，它就离开了人类的视野。80 多年来，植物学家在撰写植物志时，只能依靠斯彻莱彻特的记载和标本进行记录，直到它再度出现在邓振海的面前。

兰花并不是第一次如此"神出鬼没"，在青藏高原，人们同样为了一种珍稀兰花神魂颠倒。

西藏自治区墨脱县的山林里，兰花的种类更为多样。西藏杓兰的唇瓣，颜色深紫，形似一只臃肿的拖鞋，酷似为它传粉的熊蜂的巢穴。可见，兰花在互利共赢的情商上，从来没有输过。

墨脱县格林村，家家户户都有种植兰花的习惯。2022 年，当地发起了兰科植物恢复行动，让村民们把自家种植的兰花移植回大自然。高原烈日的照射下，兰草依依，仿佛回到了南宋的山野。

佛经上说，"芥子纳须弥"。意思是微小的芥子，能够容纳巨大的须弥山。兰花之于大千世界，正如芥子之于须弥山。纤弱的兰花种子里别有洞天，此刻，它不是一粒种子，而是喷薄而出的生命智慧。从温润的闽南，到凛冽的高原，兰花的盛开，上演着一场有关东方哲学的隐秘启示。或许，美丽只是出于人类审美的评价；聪明，才是在复杂而艰辛的进化过程中，大自然给予兰花最恰当的赞誉。

绞杀榕·这个杀手不太冷

巨树伸出欲念的臂膀，截获每一寸阳光；藤蔓虎视眈眈，蓄谋一场猎杀；花朵妖冶的神色深不见底，愈是美艳，愈是危险。每日下午准时到来的雨水，将暗影下的"交易"与"罪行"洗刷得无影无踪，无边的欲望，又会趁夜色正浓，再度蠢蠢欲动。

热带雨林，植物世界的修罗场。伪装与迷幻，魅惑与毒杀，隐藏在求生本能中的贪婪与狡黠，就像暴露在照妖镜下，无处遁形。

身处战争旋涡的中心，热带雨林里的每一种植物，都身负绝技。生物界的弱肉强食，是这片森林的第一准则。明争暗斗中的植物，要么大获全胜，要么尸骨无存。毕竟，像这样同时满足热量、水分、光照等多个条件的完美居所，多的是植物削尖脑袋都想在这里扎下根来。

榕树的种子，就降生在这纸醉金迷的名利场上。

起初，没有人会注意到那颗小小的果实。它没有肉眼可见的花，也没有特殊的颜色和香气。坚硬的外壳，让它显得固执而又笨拙。

当然，这一切都是它用以欺骗众人的表象。

榕树的种子，藏在榕果内部。从它和兄弟姐妹们冲破果皮的藩篱，走向外界的一瞬间开始，它们"开挂"的一生就开始了。

在这个世界上，总有人生来就是比赛型选手。榕树的种子，身量细小，看似微不足道，以至于鸟雀啄食榕果的时候，完全是在无意中将种子吃进了肚子。这是榕树种子的一着险棋。它的外壳非常坚硬，因此需要借助鸟类的消化系统，才能让禁锢它的外壳稍微软化一些。

在鸟类的消化道里走了一遭，榕树的种子再度呼吸到新鲜空气的那一刻，新的挑战随即出现。在热带雨林，没有植物会给一颗小小的种子腾出位置。生活在这里的植物，永远不需要谦让。

榕树种子接下来的任务，就是在这样的竞赛中，抢占自己的一席之地。

有道是天无绝人之路，也可能榕树的种子生来就是争夺资源的料。小小的它，抢不到足够的土壤，索性剑走偏锋，进化出了不用进入土壤就能发芽的本事。

在炎热多雨的岭南，榕树的根系，常常触动宗教般的恢宏与宿命感。众鸟归巢的夕阳下，榕树的根系，在原本严丝合缝的砖块缝隙、墙面，甚至屋顶上蔓延。在这场属于榕树的宏大叙事中，它们的根系，总是带着一种逃出生天的坚定与喜悦，将原本属于人类世界的一切纳入麾下。细密的枝叶下，另一种根系丝丝缕缕，蓦然低垂。这是榕树的气根。透过这些细长的"胡须"，远方的天光与日色被切割成琐碎的片段。在榕树巨大的树影中，一切发生得如此理所当然，仿佛人类的短暂喧嚣，终将回归自然的命运。

气根，是榕树家族最重要的独门武器。

表面经过软化的榕树种子，相比于原先较易萌发。不过等待它们的，并不是肥沃的泥土，而是其他树木粗壮的枝条。

在尚且无法与其他大树抗衡的时刻，榕树看似幼小的种子长出了一截看似弱不禁风的根须。

正是这截根须，有能力从热带雨林湿润的空气中汲取水分，而且，即使身旁并非土壤，这截小小的气根，也能为种子找到萌发的支点。

那一天，榕树的种子躺在俾睨众生的高处，像大难不死，像久旱逢甘霖，又像是做了一场自出生以后就从未有过的甜梦。

此后的每一天，都是一场恶战。雨热条件优厚的热带雨林里，向来不缺少植物。野心勃勃的榕树种子，依靠气根吸收水分，迅速生长。它从身下的树体里攫取养分，然后再萌发出第二条、第三条气根，直至触达梦寐以求的土地，成为一根新晋的树干。有时候，其他的榕树种子，会在较早长大的榕树身上再次萌发，并且采取同样的策略，野蛮生长。年复一年，热带雨林里的每一棵树，都是榕树之间的残酷战场。最终的胜利者，会形成一棵网格一样的大树，将包裹在里面的树木绞死，赢得自己的生存空间。

如果你在热带雨林中遇到了一棵空心的榕树，那不是一个普通的树洞，那是树木之间殊死搏斗的记忆。

云南省玉溪市新平彝族傣族自治县，赤红色的红河滚滚流过。生活在这里的傣族人，相传是古滇国遗贵。他们没有泼水节，没有文字，保留着傣族原生族群未受佛教影响的生活方式，民间又称他们为花腰傣。花腰傣最传统的衣裙，传说是古滇国贵族的遗存，腰间层层束腰，色彩鲜艳得就像雨林里的花果。

红河河谷的气候炎热潮湿，花腰傣将居所选择在河谷平坝之中。依照村里的传统，建立村寨后要挑选一棵"寨心树"。傣族人的传统，寨心树确立以后，就不许砍伐，否则会给寨子带来灾难。在新平，很多傣族寨子里的寨心树，就是榕树。

并不是所有的榕树都必须选择绞杀。在土壤丰富、环境宽敞的地点，它们规规矩矩地按照一般树木的习惯，生根发芽。只不过，它们还是会长出长长的气根，根须落地，变成树干，榕树小小的种子，到底在身体里蕴藏着多少能量，人类可能从未得知。

长年生活在热带的傣族人，敬佩榕树的力量。花腰傣每年最隆重的活动，就是祭祀寨心树。傣族人有自己的纪年方式。他们用常见的动物标注方位和日期。二月里属牛、属虎和属马的日子，就是祭祀寨心树的时间。仪式的最后，人们会把一种用竹篾编成的法器"达辽"插进稻田中央，祈求五谷丰登。

农耕民族对于田地的期望，往往能够创建人与上天神秘的联结。吹过花腰傣寨的风热烈而奔放，像讲述着寨心那棵榕树的前世今生。在植物的世界里，生死来得太过寻常。在热带雨林，榕树用气根织成的网，是让很多树木闻风丧胆的噩梦。在花腰傣的村寨里，榕树是安定人心的信仰。

红树 · "我吃过的盐，比你吃过的米还多"

若论起吃盐这件事，与红树相比，大多数植物都要甘拜下风。

大海，远古植物的居所。没有人能确切知道，那汪深邃的蔚蓝覆盖之下，还跳动着何等强劲的生命脉搏。

或许每一个红树家族，都曾在冥冥之中感知到祖先的召唤。它们扎根的地点面朝大海。在这个海洋与陆地短兵相接、互不退让的地带，红树的生长，就像是水与土在胶着状态中出现的一线生机。

上海同济大学教授王开发，曾经分析研究了我国南海沿岸第四纪地层中的孢粉和花粉。在这个距今240万年前形成的地层中，红树的花粉比比皆是。可见，在漫长的地质年代中，红树对于拥有一套"海景院落"的执着从未减退。假如沿着这些花粉的足迹继续追踪，在气候温暖的年代，红树植物的领地，甚至可以向北扩张到今天的江苏省南部，大约北纬33度的区域。

假如有人驾船闯进红树家族的地界，一定会感受到来自生命内部的无限张力。风平浪静时，红树的树冠就像生长在镜面上，临水照花，如梦似幻；等到潮水消退，露出瘦骨嶙峋的根茎，它们就像爪子一样扎进沙土，直至布下密不透风的天罗地网。

然而真实的世界，并不像看上去那样岁月静好。在毫无遮挡的海岸上，阳光炽热得让一切无所遁形。海边的沙土上，浪潮卷起又落下，咸水的反复浸泡，令沙土地含有浓度极大的盐碱。对于大多数植物来说，这样的土地让它们几近窒息，望而却步。

然而世间种种，皆有意外。红树，就是这片灼热土地上的独行者。

红树不是一种树而是分布在热带、亚热带的潮间带上的木本植物群落。人类为它们起名叫红树，主要是树皮中含有一种名为单宁的有机物，会在树皮剥开之后迅速氧化成红色。这种物质，动物吃起来充满酸涩的味道。对于红树来说，穿上这套铠甲，无异于向所有前来栖息的动物们宣布：落脚可以，但……我看起来一点儿也不好吃。

古代马来人是红树的命名者之一。相传，在这个海域面积巨大的热带国度，人们曾经在砍伐红树的时候，无意中发现刀口被染上了红色。此后，红树的树皮，成为古代马来人重要的染料来源。

从植物学上考虑，红树之所以选择单宁，是因为这种物质抑制细菌和病毒的能力，以及抵抗盐碱的能力都非常强大，单宁中的苯环结构，还很善于吸收紫外线。这些功能，简直是为海边的红树量身定做，完美契合了它在海岸生态系统中生活的各种需求。

照理来说，当红树拥有了单宁，日子似乎变得高枕无忧了起来。

只有一个意外——种子。

正如世间所有的幼崽，幼年时期的植物往往也需要加倍爱护。红树的种子，需要充足的氧气与水分才能萌发。潮间带的海水与盐碱土壤，让红树种子所处的境地狼环虎伺，艰险异常。因此，与许多植物种子单枪匹马、远离故土的"种生"轨迹不同，红树家族的种子，可能拥有了植物界最柔软的母爱。红树的种子，往往不急于离开母体，而是选择在大树上生长、发芽，直到胚根突破长出长条形的胚轴，才像瓜熟蒂落一般，从母体坠落水中。

人类仿照对于动物的认知，将红树的这种行为称为植物的"胎生现象"。红树种子长出的胚轴，终于补足了它们生存所需的必要物质——单宁，可以在海水中正常生活。

如果切开红树的胚轴，会发现，它细长的身体里，分布着许多气道。这些气道，给红树的胚轴套上了一件防腐、抗盐碱的超级"救生衣"，红树宝宝们就此开启了属于自己的"奇幻少年漂流记"。

在单宁的保护下，红树的胚轴可以在海面上漂浮数月。它们在潮水涨落之间，寻找成熟的时机。在合适的时间、合适的地点，它们纺锤状的身躯，会垂直钻进沙土之中，并且迅速生根，开始新一轮的生长。这样，等到潮水再度来临，红树幼苗也能在松软的沙土中，保持不被冲走。

剩下的任务，除了抗盐，还是抗盐。红树的一生，都在与海岸滩涂上本不适合植物生长的高浓度盐碱抗争。红树的胚轴成功扎进沙土，只是迈出了万里长征第一步。像许多树苗一样，红树的胚轴，也学着让自己的根茎更加稳固。但是不同于陆地上的植物，垂直向下发展的直根并不能完全抵挡海边的浪潮与台风。自此，不同种类的红树，迎来了比拼创意的时刻。

海漆，又叫作牛奶红树。得名于此，是因为它的枝干一旦划破，会流出牛奶一样的纯白色液体。然而，海漆的习性并不像它的别名那样甜美温柔，而是红树中出了名的"蛇蝎美人"。它的根茎在燃烧时会产生类似沉香的芬芳气味，因此又被称为"土沉香"。但是，人类一旦接触到海漆的白色汁液，轻则皮肤红肿，重则永久失明。为了稳固自己在潮水中的位置，海漆长出了靠近地表的水平根系。植物学家称之为缆状根系。

与海漆选取的方式不同，木榄在垂直空间里搭建着自己的"高台"。对于三角形的稳固定律，木榄比人类掌握得更早。它的根系在无法独自承受树木上部的重量时，会长出与主根呈现出一定角度的侧根，称为支柱根。这些侧根，就像人类使用的拐杖，又像在为枝干抬轿前行。最壮观的时候，一棵木榄也能成为一片森林。更令人叹为观止的是，这些根系有时候能根据周围的土壤和水质条件，改变自己的生长方向。海水的浪潮来去无定，一截支柱根，有时候先向上生长，再折返向下，就像一棵大树正在单膝跪地。

相比之下，无瓣海桑的逆向思维能力，显然更加强大。它的根系被称为"笋状根"，不向下扎根泥土，反而像枝干一样，向上生长，甚至形成根系组成的另一种"森林"。这是无瓣海桑从咸水中学会透气的方式。这些根内部具有发达的通气结构，就像是红树的"鼻孔"，能在盐碱度极高的环境中获得足够的氧气。

虽说"吃盐"很多，红树植物毕竟是树。植物的细胞结构，决定了它无法在盐分过高的地方生长。红树的应对方式简单而又高级，那就是"半透膜"的使用。这种构造，水分渗入红树内部，而又将浓度过高的盐阻挡在外。假如海水的盐分含量还是太高，有的红树甚至自己开始分泌盐分，以达到内外浓度的平衡。

假如天气晴好，你一定能在红树林里发现这样一幕——某一种红树的叶片，正在集体吐出盐粒，阳光映照下，晶莹剔透的盐，折射出色如琉璃的光彩。天知道它们用多久才修炼出了这样精妙的十八般武艺，不过，为了坐拥无敌海景，一切的一切，似乎又都值得。

寂静的植物世界，在人类无法察觉的暗处，喧嚣而又忙碌。如今，红树林的生态意义已经被广泛认知。居住在海边的人们，自古就知道，要将房屋建造在生长着红树林的海岸上。这样，当浪潮和台风来临的时候，红树林会成为人类村落最好的守护者。

红树的一生，都在不可能中创造可能。在它们充满励志色彩的生命中，有过逆天改命的豪情，也有过母子相依的温情。在人类无法想象的时间跨度里进化出的本领，已经不仅能够保障红树家族的延续，还足以令它们庇佑苍生。当新的一天来临，朝阳从海面升起，成群的鹭鸟从红树的枝丫间醒来，根系下的鱼虾早已开始在错综复杂树根之间忙碌穿行。海边的渔船扬起风帆，启航远行。如果红树家族能够感知，这一定是它们最值得骄傲的瞬间。

贰 · 植物江湖

有人的地方就有江湖。有
植物的地方，也有江湖。
植物江湖中，刀光剑影并
不受人类价值观的评判，
因此，来得更加快意、纯粹，
而又充满神秘色彩。

山河莽莽，江湖悠悠。

植物，不会说话，也不会自主移动。它们看似弱势，却以沉默撼动喧嚣的世界。

可能每一株植物在幼苗时期都有过差点死掉的经历。在植物谋求生存的世界里，与世无争的花朵，实则是掩饰野心的表象；虬曲伸展的枝干，也会对竞争者手起刀落，毫不留情。植物的一生，在每一个细胞竭尽全力的运转中，每一次萌芽、分蘖、枯萎老死的轮回中，见惯刀光剑影，尔虞我诈。

这样的你死我活，远比人类想象的更加惊心动魄。

日夜在田间忙碌的农人，了解作物之间的爱恨情仇。个子一个比一个高的甘蔗和玉米，不能短兵相接，否则双方争抢阳光和肥料，必定两败俱伤；黄瓜和西红柿，这两种在餐桌上常见常新的作物，只要在田间见面，就会相互"放毒"，产生抑制对方生长的分泌物。而且，这两种同样会引起蚜虫兴趣的"难兄难弟"，一旦种植在一起，很容易双双败在蚜虫的手下。反之，丝瓜和茄子种在一起，就像是一对义薄云天的拜把子兄弟，丝瓜体内的物质，能让茄子抵抗住红蜘蛛的危害。

与农作物相比，野草的性情更加恣意。胜红蓟，称霸植物江湖，令作物闻风丧胆的头号野草，整个植株都能释放出大量的单萜和倍半萜类化感物质。这些化感物质可以抑制黄瓜、玉米、萝卜、水稻、黄瓜等大量人类赖以生存的作物蔬菜的生长，甚至抑制同类杂草以及真菌、昆虫等。更有甚者，胜红蓟即使被拔除，它停留在地表或者翻埋入土壤的"尸体"，还会继续释放出一种叫胜红蓟素的物质，来抑制花生和相关杂草的生长。

虽死犹生，这样的招数一出手，世间的武林高手便大多无出其右。这也是为什么人类的农田和花园需要悉心呵护——一不小心，这些生长在温室里的柔弱的花朵、乖巧的作物，都得败在野草的手下。只要不打理，不消一个月，野草将会像一支大军，各出奇招，占领所有可用的地盘。

明面上的争夺已能称得上惨烈，也有一些植物，修炼成了兵不血刃，便能制敌于无形的高手。

伪装，动物世界里的常用招数，在植物界一样盛行。非常容易成活的万年青，就是伪装自己的大师。在自然界，它们生长在高大植物的底端，四季常绿的叶子上，布满白色花纹，假装被啃食殆尽，让昆虫失去品尝的兴趣。

科学家在南美洲的雨林中发现一种天南星科的海芋，它们会假装生病，让叶片上出现一种已经遇到巢蛾侵害出现的白斑，以此来避开巢蛾的侵扰。如果待在这种海芋生长的地带，你一定能听到它们的窃窃私语："嘘，千万要学会健康不外露，否则小命不保！"

而对另外一些性子更加刚烈的植物来说，改变容貌，来得一点儿也不痛快。为了保护漂亮的果实，它们的叶片两面被长柔毛及短柔毛覆盖，不让昆虫依附，同时叶片正反面都长满尖利的硬刺。恣意生长的荆棘堪比一道长城，在这个植物为自己修筑的强大防御系统面前，想要窃取果实的昆虫、食草动物，统统只能望而却步。

也有植物超然世外。生长在热带雨林边缘或者疏林之间的凤蝶兰，用放弃美丽叶子的方式，显示着自己的独具一格。凤蝶兰的叶子为棍棒状肉质，在伸长的茎上互生。在它们略显光秃的枝干上，除了鲜艳的花朵，就是一根根并不像叶子的叶子。既然害怕叶子受伤，那就干脆装成没有叶子的样子。这样的聪明才智，就算是人类社会发展到了今天，也很难参悟。

在植物江湖里，生存是唯一的法则。

植物主要通过淋溶、挥发、残体分解和根系分泌等方式向环境释放化学物质，从而对周围植物产生各种各样的"化感作用"。植物用于攻击对手的生化物质，是植物的次生代谢产物。目前科学家们将其主要分为4类：酚类、萜类、糖和糖苷类、生物碱和非蛋白氨基酸。酚类、萜类、生物碱类等的作用机理主要是影响竞争植物种子萌发、物质代谢中的关键酶活性、降低光合效率、损伤细胞超微结构和膜系统的稳定性。

对于外界百般设防的植物们，有时候狠起来连自己都不放过。

种植三七的农人们，常常发现一个严酷的事实：凡是种过三七的田块，一般最起码要至少修整10年以上才能再次种植三七，不然就会严重导致根腐等病害的发生，造成低质、减产乃至绝收的后果。台湾的双季稻连作，第二季往往也会减产20%左右。

相同的情况，在人们饲养兰花的时候也常常出现。同样的管理条件下，一些多年未动盆的"老盆口"往往会出现原因不明的根系衰败、植株黄瘦、倒草倒苗、僵芽少芽及生长不良的情况，因为舍不得扔掉旧植料，盆中的兰花往往一年不如一年，而且极易患上病害。

植物学家将这种现象归因于植物的"自毒作用"。也就是说，植物分泌的化学物质，也会对自身产生伤害。这也难怪，谁让植物们为了保证自身种群的生长，会通过化感作用就持续不断地"放毒"呢？这就像武侠小说里的高手们，为了修炼绝技而走火入魔。不过对于植物来说，既然进化出了这样的走火入魔，那一定有它们自己的道理。

植物的自毒作用，可以阻止种子在母株附近萌发；种皮中自毒物质的存在，要求种子在雨量充沛后，将自毒物质冲洗干净才能萌发。这是植物家族对于自身，也是对于子孙后代的一种保护——只有让孩子们仗剑走天涯，去开辟更广阔的天地，才能让自己的家族生生不息、不断壮大。

如此看来，植物江湖的因缘际会，复杂且丰富。在田园、城市，又或者是森林、草原，植物是遍及整个地球的游侠。如果听植物讲讲它们如何扩张势力，如何快意恩仇，如何顶住了生存之战的血雨腥风，存活到如今，在它们的故事里，一定有江湖漂泊的夜雨十年灯，也有千杯不醉的诗酒两相逢。

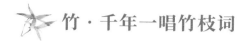

竹·千年一唱竹枝词

竹林的生长，是一场隐秘而漫长的心事。

巴蜀，青黛色的山峦远接烟水，薄雾般的雨帘，仿佛延绵到时间尽头。在一场春雨到来之前，只有遍布山野的竹子，知道土层以下到底涌动着多少暗流。

雨，下不完的雨。行至川渝一带，接连不断的阴雨，是天气的主角。不过，此地性格张扬而又鲜明的原住民，让这里的雨水，少了些江南烟雨的缠绵悱恻，倒多出几分无以名状的洒脱与快乐。

如今，在四川各地的博物馆中，陈列着许多出土的陶俑。当我近距离长久地凝视它们，竟无法感知到寻常陶俑带来的肃穆与沉静。这些来自巴蜀之地的陶俑，面带夸张的表情，或击鼓而歌，或长袖舒展，翩然起舞。虽然隔着厚厚的玻璃，陶俑饱满的情绪，却仿佛要溢出橱窗，恨不得让人相距遥远的时空，还能听见它们的嬉笑怒骂。

唐朝长庆年间，当诗人刘禹锡前往夔州赴任的时候，一定也体会过同样酣畅淋漓的悲喜。

那一年，秉性喜爱直抒胸臆的刘禹锡，徜徉在巴蜀大地上。他看见青碧田园中的农夫，春天刻木祭祀，虔诚且笃定；看见他们在溪边踏歌起舞，向上天表达生活的祈愿。在浪漫而又原始的歌舞中，人的内心生出最热烈的挚爱，以及最纯粹的美好。

他们口中的民谣，就叫《竹枝》。

随后，一首流传千古的名篇诞生了。

> 杨柳青青江水平，闻郎岸上踏歌声。
>
> 东边日出西边雨，道是无情却有情。
>
> ——【唐】刘禹锡《竹枝词两首·其一》

在刘禹锡写下这首诗之前，《竹枝》和它名字中的这种植物一样，已经在巴蜀大地上存在多年。三国时期，诸葛亮在祭祀之日出游奉节，在长江边，千万人引吭高歌《竹枝》，这种粗犷而生动的歌谣，就曾经在这片土地上响遏行云。

这种植物再次出现在中国人的视野里，是在文人的园林。

浙江省杭州市临安区的寂照寺，这个并没有在史书上留下太多痕迹的寺庙，因为文豪苏轼的到访，让无数人记住了这里的竹子。北宋熙宁六年，苏轼出任杭州通判时，去往当时的於潜县看望僧人慧觉。绿筠轩前后，竹影依依，一首脍炙人口的诗句跃然纸上。

> 宁可食无肉，不可居无竹。
>
> 无肉令人瘦，无竹令人俗。
>
> ——节选自【宋】苏轼《於潜僧绿筠轩》

宁可食无肉，
不可居无竹。

千百年过去了，《竹枝》从威严的祭祀到柔婉的抒情，就像歌谣中的竹子从多雨的山林，走进了寂寥的人心。

巴蜀之地的竹子，至今依然堪称完美的生活伴侣。四川省崇州市的道明乡盛产慈竹，人们将竹子编织成各种各样的器具、工艺品，甚至书画。不远处的大山里，因为竹林漫山遍野，成为不同片区的大熊猫寻找伴侣的"爱情走廊"。竹纤维的韧性与温润，稳稳当当地护佑着动物的脾胃和人类的生活。

如果竹子也有自己的喜怒哀乐，那它性格的底色里，一定渲染着同样质朴的情感。不过，竹子的生长，远比人类目之所见，需要更加深沉的韬光养晦。

如果用竹子的眼光看世界，可能要把人类的视角翻转个90度。在竹子的眼中，地下横向蔓延的竹鞭，才是自己的主体。破土而出的竹笋，旁逸斜出的竹根，都只是生命中的冰山一角。

让我们完整地描绘一片竹林在土层之下建立的庞大帝国。

竹鞭，作为暗中控制一切的终极操盘手，生长周期有时极为漫长。它是竹子在地下横向蔓延的匍匐茎。为了占领更多的地盘，竹鞭拥有对土壤质地、土层厚度和营养程度的敏锐判断力。一株竹子，有时候仅仅依靠竹鞭延伸的无性繁殖，就能长出一大片竹林。

既然是茎，总会长出侧芽，这就是人们熟悉的竹笋。竹鞭的绵延不分季节，竹笋的生长也就创造出了各种各样的方式。

竹笋冬季蛰伏在地下，尚未破土而出时，被人们挖出，就是冬笋；从惊蛰到清明，大地有了春天的润泽与活力，春笋也适时破土而出，此时摘取，图的是一口新鲜，古人把春笋的极致吃法誉为"傍林鲜"。鲜笋上桌，或煨汤，或小炒，总之用最能保留一口鲜香的方式，中国人就这样把春天留在了自己身边。

竹笋的生长极快。在适宜的温润空气里，从竹笋到竹子，可能只需要几天时间。生活在南方的小孩，大多有过与竹笋比高的经历。小小的孩童踮起脚尖，却无论如何也比不过拔节生长的竹子。根据中国科学院昆明植物研究所的资料显示，长得最快的中华大节竹在生长高峰期，一昼夜就可长高136厘米，平均每小时达5.67厘米，8周内就能完成20多米的生长任务。

这样的速度，在植物界堪称奇迹。

作为一种长得奇高无比的禾本科植物，竹子已经为自己的身高量身定做了特殊的质地和形态。在漫长的进化中，竹子逐渐放弃了茎中心的髓，加强了细胞壁上厚厚的机械组织和维管束。这样一来，生长速度极快的竹子，就避免了"木秀于林，风必摧之"的风险。

　　然而虽则生长速度快，也不能一味长个儿。竹子的竹节，是茎中唯一保留髓的部位。因此，只有竹节能长出分杈和叶子。

　　为了迅速占领空间，竹子甚至放弃了大多数植物一年一度的盛事——开花。竹子开花，在很多地方都被当作神秘事件讨论。浙江省湖州市安吉县，如今有超过三分之一的劳动力，都在从事和竹子有关的产业。而这里的很多人，都无法忘记 20 世纪五六十年代，发生在这里的一场饥荒。

　　传说，是竹子救了大家。那一年，漫山遍野的竹子突然全都开了花，"竹花落，竹米成"，人们靠吃竹米度过了饥荒。

安吉人口中的竹米，就是竹子的果实。这是很多竹子一生只有一次的有性繁殖。但是，对于竹子来说，只有竹鞭不再生长，新笋不再萌发的时候，才会使用这种方式。不同种类的竹子，开花的时间也不同。目前监测到开花间隔最长的桂竹，虽然竹鞭的生命不过 10 年左右，不过，这种早年被移植到世界各地的竹子，仿佛与自己的近亲在冥冥之中命运相连。每隔 130 多年，所有的桂竹，无论年龄长幼，身处世界的那一个角落，都会一起开花、凋零，然后重新开启家族的轮回。

为了适应不同的环境，竹子的品种极为繁多。不过，无论如何改变自己的外形和色彩，竹子因为中空有节，成了中国人永远的精神寄托。我曾经在洞庭湖畔和九嶷山下，看见瘢痕点点的斑竹。植物学家告诉我，这是竹子被土壤中的真菌感染，产生病变的现象。然而中国人特有的浪漫，让更多人只愿意相信，这是娥皇、女英追随爱人留下的泪痕。

千年万载，竹影依依。竹子的故事，千回百转，萦绕着中国人含蓄的情愫与期许。《世说新语》记载，"王子猷尝暂寄人空宅住，便令种竹。或问：'暂住何烦尔？'王啸咏良久，直指竹曰：'何可一日无此君！'"后来，"此君"成了竹子别致的雅称。修长笔直而又内心谦虚的竹子，也一如既往地演绎着君子的高风亮节。在潇湘水畔，在江南烟霭，在巴蜀山间，有竹林蔓延的地方，竹子谦虚的内心，总能填满细腻或宏大的情感。

\ 无竹令人俗 \

番薯·了不起的远征

谁说一截块根不能有梦想呢？

更何况，番薯还曾经从看似卑微的泥土中，扛起了国计民生。

春天，万物复苏。在大江南北不易被人察觉的地下，番薯已经悄悄开始积蓄力量。绿萝般的藤蔓向四面八方延伸，淀粉和糖分在根块中积聚。

在漫长的时光里，番薯和面朝黄土的农人们并肩作战，成就了彼此相仿的气质。无论干旱、贫瘠、风雨，都不能阻挡日渐充盈的成长。它们随遇而安，又坚韧不拔。番薯，是荒年中的救赎者，也是丰年里的座上宾。

福建乌石山清冷台，重檐八角的先薯亭，掩映在绿荫深处。

这是一场劫后余生留给当地人的印记。

公元 1593 年是一个重要的年份。

那一年，番薯——这种经过 8000 多年自然选择，由土壤中的农杆菌和一种喇叭花植物结合突变而成的植物，已经作为压船之物和粮食储备，沿着人类的航海之路，将自己淡紫色的花朵，开遍了东南亚的岛屿。其中，就包括当时的西班牙殖民地吕宋，也就是今天的菲律宾一带。

正是在那一年，强势"移民"吕宋的番薯与另一群远道而来的人们相遇了，那便是下南洋的华人。与番薯一样，这个人群也有着强大的适应性和泼辣的生命力。他们大多来自福建。这个省份自古红土遍布，多山多灾。为生计所迫，无数福建人背井离乡，依靠远航谋求生计。

这其中，就包括科举不第，转而走上经商之路的福建人陈振龙、陈经纶父子。

或许是番薯沉甸甸的块根，让陈氏父子想起了汹涌海涛的另一头，被贫瘠和灾荒连年折磨的故土。于是，父子二人做出了将番薯带回中国的壮举。

在后世的演绎中，那一次航海，被描绘成了各种惊心动魄的旅程。其中，最富有传奇色彩的演绎是，吕宋严禁甘薯出境，陈氏父子不得不将薯藤绞进汲水绳中，涂抹污泥，才躲过关卡的检查。

严谨的历史研究认为，番薯来到中国是众多华人、华侨兵分多路、重复引进的结果。但是，也许这种作物对于东南沿海的百姓意义实在重大，直到今天，番薯到来的传奇故事仍然一次又一次地被反复提及。陈振龙的名字，被供奉在先薯亭和当地的城隍庙中，成为当地人抵御饥荒的符号。

经过几天几夜的航行，踏浪而来的番薯终于抵达中国。

不需天泽，不冀人工，番薯的亩产量能达到 5000 斤，是稻谷的数倍。番薯的到来，成为人们在荒年最踏实的依靠。嫩叶和

根茎可以炒菜或当饲料，块根作主粮，生食如葛，熟食如蜜，还可以加工成淀粉和酒精。

在中国，番薯很快迎来了生命中的高光时刻。

这种八方逢缘的粮食作物，迅速获得了人们赠予的各种"昵称"——朱薯、金薯、红薯、山芋、甘薯、地瓜、红苕、白薯……

17世纪，江南水患，五谷绝收，科学家徐光启让学生把番薯从福建带到了上海郊区试种，解决了当地饥荒。徐光启在《甘薯疏》中，归纳了番薯的多项优点："四季可种，到处可生，地尽其力，物尽其用，一岁成熟，终岁足食……"

从明到清，番薯救世济民，开疆辟土。在四川，"外来之人租得荒山，即芟尽草根，兴种番薯"；在湘赣山区，"斜坡深谷，大半辟为薯土"。据统计，从清初至乾隆、嘉庆的100多年间，全国番薯耕地总面积大大增加，其中，大多为这种山区瘠地。

在中国，番薯跟随几次漫长的人口迁徙，找到了自己的优势。它的足迹，如蜿蜒伸展的藤蔓，一路高歌，不知疲倦。

清康熙、乾隆年间，番薯的兄弟姊妹已经游历遍及大半个中国。皇帝下旨"广劝栽植"。于是，在中国，番薯成了仅次于稻米、麦子和玉米的第四大粮食作物。因此，也有人把康乾盛世戏称为"番薯盛世"。

谁也没有想到，兼济天下的重任，会在数百年后再一次降临在这种看似憨憨的作物肩上。

在距离先薯亭不足 200 千米的福建省惠安县的海边小镇，每年 8 月 1 日，是当地一年中最热闹的日子。长达数月的休渔期过后，渔民们往往将开海视为一年中最重大的节日。

曾梅霞，时下最火的惠安女，她用拍摄短视频、做新媒体直播的方式，将焦点对准了热闹人群中一个醒目的人群——惠安女。

短衫、旷裤、黄斗笠、花头巾，这是外界对惠安女最深刻的印象。这套为了方便劳作而诞生的服饰，巧妙地契合着现代服装的设计美感。活泼灵动的惠安女，是惠安海岸线上独特的风景。

旧时，丈夫们出海打鱼，家中的惠安女们，常常一守就是大半年，她们心中期盼的只有平安和团聚。因此，从丈夫离开的那一刻，她们便开始精心筹划一场"团圆宴"。

粉糯的番薯团子和圆润的鱼卷，寓意团团圆圆，这是团圆宴中当仁不让的主角。

曾梅霞知道，番薯的品质是决定这桌团圆宴口味好坏的关键。

海浪不知疲倦地拍打着海岸，"闽在海中"的古语，揭示了福建与大海的关系。

海边的惠安，素有"番薯县"的称谓。

盔甲般的花岗岩石块、固若金汤的崇武古城，曾为这里抵御了海上倭寇的进犯，也带来了最初的移民文化。由屯兵发展起来的惠安，背山面海，天旱地瘠，不宜农耕。因此，惠安人很早就开始了为粮食和生存展开的斗争。数百年前由福建先民带回的番薯，再一次成了与当地人并肩作战的战友。

在漫长的黄金海岸上，海水带来的盐分不断累积，使番薯的甜味更加灵动。

番薯与惠安女有一段传奇的不解之缘。

惠安人均耕地面积最少的莲花半岛，年过八旬的周亚西，仍旧下地劳作。在漫长的年岁里，她总能回忆起当年最亲密的 7 位姐妹。

茫茫大海的彼岸，滩涂广布的大竹岛，留存着姐妹 8 人毕生难忘的记忆。20 世纪 50 年代，她们因为番薯红遍了大江南北。

当时，一场饥荒席卷全国，土地原本就贫瘠的惠安，更是难以养活当地百姓。一筹莫展之际，净峰镇的 8 位惠安女自告奋勇，驾起小舢板，出海寻找一线生机。湄洲湾内，从未有人踏足的大竹岛，成了 8 位姑娘的目的地。

面对石头满山砂满岛的地貌，周亚西和姐妹们选择了对环境毫不挑剔、淀粉含量又极高的番薯。她们住山洞、垦荒滩、掘水井，短短一个多月，就垦荒 33 亩。孤注一掷的决心，一如当年千里迢迢从海上带回番薯苗的先人。

同样富有生命力的番薯，也像几百年前一样，没有辜负人们

的期望。试种的第一年，大竹岛上运回的番薯，就装满了整整40大船。这场勇往直前的自救，救活了一城的百姓。

后来，周亚西和姐妹们在岛上一连种了15年的番薯，跨海开荒的事迹广为流传。从此，大竹岛也有了一个动人的名字——八女岛。

曾梅霞被八女岛的故事深深触动，决定邀请老人们参与一次以番薯为主题的直播。

长长的海岸线上，浪涛依旧。昔年用以谋求生存的番薯，如今已经成为"番薯县"醒目的文化标志。

制作地瓜粉团和鱼卷的食材早已就绪，静候番薯登场。周亚西告诉曾梅霞，加入海边沙地种植的番薯制成的番薯粉，才是地道的惠安团圆宴。

如今，同一片海岸沙地上出产的，已是经过多年品种改良的六鳌蜜薯。这种番薯因为色泽诱人，获得了"西瓜红"的昵称。

一艘艘渔船满载而归，男人们打理着新鲜的战利品。收获季中最值得期待的，还是惠安女亲手制作的一桌"团圆宴"。欢笑声中，番薯的滋味，诠释着耕耘与收获的人生况味。

饱腹，或许是大多数人对番薯的第一印象。不然，相貌平平的它，怎么会三番五次地成为饥荒年代的大英雄呢？

研究番薯的科学家说，这种饱腹感，来源于它身体里极高的淀粉含量。就这样，番薯怀揣着拯救世间所有饥饿的梦想，开始与人类共渡难关，也共同分享生活的喜悦与甜蜜。

对于居住在篁岭村的曹加祥来说，番薯代表着人一生中最重要的仪式感。

他们祖传的地窖，砂石土质，干燥通风。地窖里，每年都储存一种固定的作物——番薯。

篁岭村所处的江西省婺源县，在古代属徽州管辖。千百年前，婺源人的祖先就选择将屋舍安置在西北有山、东南开阔的地方。"兴云沛雨，万物育焉"。婺源的许多古村落既接近水源，又高于洪水位，千百年来兴盛至今。

自古处在寂寂深山中的篁岭村，因为一组曹加祥组织拍摄的晒秋照片火遍全国。

早年的篁岭村人，因为进出山村不便，果蔬丰收后，人们将食物晾干储存，以备冬日不时之需。这种原始的食物加工法，让粮食和蔬果在阳光的洗礼下，逐渐蒸发掉水分，杀灭有害细菌，却保留了大部分的营养和味道，能够储存很久。

依山而建，鳞次栉比的屋顶，由此化为肆意挥毫的画板。跳跃的色彩之间，这个山高路远、土地稀缺的村落里，洋溢着中国人面对困境时的昂扬乐观。

在曹家祥的脑海中，当自己的先祖遇见番薯，这样的乐观早已显露无余。

数百年前，徽州曹氏一族来到了篁岭。那时，篁岭的山下已经有人开垦种植了其他作物，山坡上还没有几户人家。曹氏先祖曹希例只好选择山上的荒地进行开垦。

篁岭村一带的土地，多为贫瘠的沙土地，灌溉之水不足，但有着充足的光照。令人意外的是，种植在这里的番薯，淀粉含量格外充足。

于是，曹家人开始翻土扦插，栽种番薯。一年又一年的丰收，养活了曹氏一家老小。当地人至今口口相传，曹希例原本五代单传，迁居篁岭后，却先后生下了5个儿子，全部

长大成人，玉树芝兰。此后，曹氏形成了五大房，筼岭曹氏祖屋就被命名为五桂堂。

作为祖屋，五桂堂院子里升起的炊烟迎来过新人，送走过逝者，见证了全村人的喜怒哀乐，也留下了一个宗族与番薯共同开枝散叶的演化史。

如今的筼岭村，祭拜曹家先祖，依然是重要的活动。

正值 6 月，新的番薯还没成熟。曹加祥从地窖里取出的，是村里去年藏的番薯。

不易获取食材的自然条件，激发了婺源人对番薯"百变"的想象力。

将番薯去皮，磨成粉，在蒸布上过水，去渣，再沉淀一整天。倒去多余的水，阳光晾晒三天。晾好的红薯粉上锅一蒸，就会成为一个半透明的模块。淀粉含量奇高的特点，让婺源一带出产的红薯，尤其适合加工成粉丝、粉皮一类以淀粉质地取胜的食物。

接下来，便是最关键的环节。

与北方刀切或挤压塑形的方式不同，筼岭人会用一个类似木工刨木头的工具，将粉块刨制成丝。整个过程必须一气呵成，不能出现一点差错，否则，此前的所有准备都将报废。

5 千克的红薯才能加工出 1 千克的红薯粉丝，剩余的渣滓只能作为饲养牲畜的饲料。在筼岭人看来，红薯粉丝和粉皮代表着食物中的精华，是最难得的美味。

制作粉丝的同时，筼岭村人还在屋顶晒出了番薯脆、番薯枣等独具婺源特色的甜食。在没有精细甜食的年代，番薯以包容的性格，扮演着几乎所有与喜庆、甜蜜相关的角色。

黛瓦白墙，飞檐拱门，依然是数百年前的模样。家家户户屋顶木檐挑出的支架上，晾晒的番薯已经换了一茬又一茬。饱经沧桑的徽州民居与五彩缤纷的晒秋图景，色染了景，景入了画。将喜悦置于阳光下，是晾晒的至美境界。

吉时已到，曹氏族人祭拜先祖。

喜宴上，孩子们尽情嬉闹，手中仍是长辈儿时过家家玩过的番薯梗项链和耳坠；大人们觥筹交错，宾主尽欢。从番薯粉煎鸡蛋，到番薯粉羹、番薯汤、番薯丝炊糯米饭，平凡的番薯，在救活了一族百姓的数百年后，依然用最长情的陪伴，抚慰着故土人心。

番薯是远行来到中国的游子，但是这并不妨碍它在这片土地上受到最虔诚的供奉和纪念。或许，没有哪一个外来物种像番薯一样，能如此迅速地抓住人类对于热量和糖分的本能需求。人们对它的评价标准，简单易懂，直击灵魂。粉糯、甜蜜，都是人们对番薯的固有印象。

但是，番薯对于自己"领地"的范围，从不满足。

早在乾隆年间，番薯就开始酝酿一场更伟大的远征。它想征服寒冬，跨越最适宜自己生长的热带和亚热带地区，向北方进发。

然而，这种作物受冻则无法食用，薯种来年也无法萌发。如何安然度过北方的严冬，成为引种的关键。

仿佛有某种命中注定的缘分，在番薯到达中国的 100 多年后，陈振龙的五世孙陈世元，再次携带着这种作物的种苗，和先祖一样义无反顾地踏上了前路。这一次，他的目的地是刚刚经历过天灾的山东胶州。

今天的胶东半岛，在暖温带湿润季风气候的影响下，河道源短流急。

威海位于山东半岛的最东端。花满街，树成荫，勾勒出海景城市的精致图景。

威海人把番薯叫作地瓜。荣成乳山一带特产的地瓜干，采用窖藏的地瓜蒸熟晾晒，地瓜内部的淀粉转化成多糖，经过冷热温差，表面产生糖分结晶，形成洁白的薯霜，在果品市场上，威海地瓜干是媲美莱阳梨和烟台苹果的珍品。

当年，或许是血液中的使命感，让陈世元在不断改进徐光启提出的"欲避冰冻，莫如窖藏"的经验，耗费了大量时间和金钱后，在遥远的北方梦境般地重现了故乡番薯"子母勾连，如拳如臂"的情景。当时，当地农户奔走相告，竞相引种。

从山东到河南，陈世元的 3 个儿子也先后加入了番薯的"北伐"，一条属于番薯的阳关大道，在广袤的北方大地上铺展开来。

时代在发展，番薯的角色也在不断变化。

2006 年，世界卫生组织发布了一则公告，列出了 13 种对健康有益的最佳蔬菜，番薯赫然位列榜首。

充满智慧的番薯，在拯救了无数生灵后摇身一变，拥有了代表着健康长寿的新身份。

远在千里之外的青岛，投身食品产业的苗国军，看见了冷链技术的普及下番薯的未来。他抓住商机，发起了一次味觉的革命。

"红薯软软"这一门店品牌的产品主打冰烤薯，通过机械隧道慢火烤制后，零下 40 摄氏度急速冷冻，迅速锁住烤红薯的营养和口感。一份来自青岛的冰烤薯，通过冷链运输，几个小时内就能出现在北京大型商场的门店。老资历的番薯，因健康、营养的特殊功效，正在迅速成为年轻人的新宠。

做了 20 多年菜的赵国英怎么也没有想到，当年最不爱吃番薯的自己，如今却成了番薯的代言人。

当饥荒的年代终于过去，番薯仿佛一叶小舟，穿越贫瘠或丰盈的岁月，满载温情与坚韧，重返中国人的餐桌。400 多年的深厚羁绊，让中国人和番薯之间建立起了平凡而伟大的友谊。无论庙堂之高，还是江湖之远，总能在人间烟火中找到它。

芦苇·想和你一起，四海为家

世上总有人偏爱亲友环绕的烟火人间。在家长里短的闲散漫谈里，在日复一日的粗茶淡饭中，平凡的日子变得有滋有味，花团锦簇。

植物界的芦苇，大概也是这么个热热闹闹的性子。

白露一过，旷野里的江河湖泊就寂寥起来。草木枯黄，候鸟远去。寂静的水面上，只有芦苇开始了一场声势浩大的表演。芦苇的顶端抽出雪白的穗子。吹过水面的风，带着深秋的寒意，吹散漫天飞絮，如同一场提前降临的大雪。

依靠如此爱出风头的性格、左右逢源的社交能力，生性随和的芦苇在江湖上曝光率极高。在人类出现后，芦苇更是飞快地打入了人类社会内部。如果让芦苇来谈谈人类，它们可能有说不完的故事可以分享。

芦苇第一次认识人类的时候，烈火吞噬着泥土，就像巫神的祝祷，又像在经历一场庄重的涅槃。

这一刻，人类在建筑史上的千里之行，踏出了学会制造砖瓦的关键一步。人们发现陶土中加入一定比例的植物碎屑，经过烈火焚烧，就能收获坚硬的砖块。这些掺杂在陶土中的植物，就包括了常常能在水边找到的芦苇。此外，芦苇细长的茎秆，在水边湿润的空气中变得柔韧无比，先民们从很早以前就开始把它编成席子。冷冰冰的房屋，因为有了芦苇的参与，变得柔软起来。

几千年过去，一位徘徊在水泽之畔的男子，面对烟波浩渺的水面上白茫茫的芦苇，想象着意中人的倩影，不由自主地吟诵出"蒹葭苍苍，白露为霜"的诗句。

再然后，就是齐国即墨守军田单设计的，那个广为历史爱好者们熟知的"火牛阵"。田单征用一千多头水牛，给它们穿上了画着稀奇古怪图案的绸衣，牛角绑上利刃，牛尾扎上浸透油膏的芦苇。只要点燃芦苇，一声令下，水牛就会直捣敌营，势不可挡。

又过了几千年，风起云涌的征战与计谋，都已变成史书中的传奇。当代人只能在远古建筑的遗存中，不断发现芦苇的身影。而那句"蒹葭苍苍"，连同水边那令人辗转反侧的佳人，早已抒写成了一段洞穿时光的爱恋。

如果芦苇有记忆，这些诗意或热烈的瞬间，一定是它们茶余饭后最好的谈资。

在漫长的时光里，芦苇之于人类，一直体贴入微，无处不在。

如果一定要究其原因，可能这种植物的脾气实在太好，哪里都能安家落户，哪里都能野蛮生长。长长岁月，芦苇的每一天，都在极力保持着满格的激情与活力。

入冬，新疆焉耆盆地东南部的博斯腾湖上，大片大片的芦苇

荡变得一片金黄。及至深冬，蔓延到芦苇根部的湖水冻结成冰。在一望无际的冰雪世界里，大片大片的芦苇，成了人们分辨方向的唯一参照。

居住在博斯腾湖周围的渔民，正摩拳擦掌等待着这一刻。人们砸开冰面，将巨大的渔网一截一截地布在冰层下。漫长的等待过后，渔民们将网收回，硕大的鱼儿跳动成片，又是一年鱼虾满仓。博斯腾湖的冬捕，就像一年一度的盛大节日，早已声名远播。但是，这个巨大湖泊带给人类的丰收，远远不止于此。

湖岸边，枯黄的芦苇秆被人类收割。这些芦苇，如今除了用作编织，还是重要的造纸和人造纤维原料。博斯腾湖因为水面开阔、湖底淤泥深厚，已经是我国第四大芦苇产区。

与博斯腾湖远隔千里之外的崇明岛，也长满了芦苇。这里是长江东流入海的最后一片陆地。崇明岛和城市的距离很近。江南的气候温润多雨，相较于寒冷时间较长的北方，崇明岛上面积巨大的滩涂上，芦苇拥有足够的领地放飞自我。滩涂的淤泥中孕育着惊喜。崇明人喜食小海鲜，捕捉螃蟹的方式也很有趣。他们将肥肉拴在芦苇的顶端，伸到螃蟹嘴边。趁螃蟹吃得正香，将芦苇秆猛地收回，美味尽收囊中。

爱热闹的芦苇从不寂寞。水底的鱼，空中的鸟，淤泥中的螃蟹与贝类，都仰仗它的庇护，悠然度日。甚至一片水域的生态状况，都因为芦苇的存在，变得更加良好。显然，芦苇不仅善于壮大自己的家族，还是自然界行侠仗义的一把好手。怪不得它走到哪里，都备受青睐。

采过芦苇的人都知道，无论将芦苇秆砍掉多少，第二年开春，滩涂上依然会冒出新的芦苇，说是"春风吹又生"，再形象不过。如果真的想彻头彻尾地消灭一片芦苇，可能需要挖地三尺，斩草除根才能办到。

没有人能生来就强大，植物也一样。芦苇能够进化成江湖大佬，也不知道经过了多少次更新换代。为了稳稳当当地生长在随时有可能面对狂风和巨浪的地方，芦苇进化出了无比强大的适应能力。

世界著名的俄罗斯寓言家克雷洛夫，写过一首名为《橡树与芦苇》的诗。

"一天，橡树对芦苇讲：

'你很有理由指责自然的过错；

一只戴菊莺对你说是副重担；

一阵微风偶尔掠过，

吹皱了那一片湖面，

迫使你把脑袋垂低；

然而我的头颅好像高加索山，

不但可以阻挡住太阳的光线，

又能对抗风暴威力。

一切对你是狂飙，对我是和风。

如果你生来在我的叶下避居，

让我覆盖周围地区，

就不会受这些苦痛：

我会为你抵御风雨。

可是你通常却生长

在狂风的王国潮湿的边缘上。

我觉得大自然对你真不公平。'

芦苇于是回答他说：'你的同情，

出自诚心好意；但别为我担心：

狂风对我不像对你那么可怕；

我弯曲而没有折断。直至如今

你抵挡住狂风吹打，

你的腰并没有弯低；

但是且看结局。'

在他说话之际，

北风至今在他怀抱里所产生

最可怕凶暴的孩子，

从那天边疯狂地往这里奔腾。

芦苇弯曲；橡树挺直。

风将他的威力加剧，

越刮越猛，无法硬顶，

那头部高耸，与云天并肩为邻，

脚踩黄泉的橡树被连根拔去。"

看，中空的芦苇茎秆，为人类留下了多么丰富的想象空间和创作空间。不过，这样的结构，确实是它们面对强风时的制胜法宝。芦苇的茎秆虽然中空，外部却长出了相较于很多植物更为坚韧的纤维层。这层"加厚铠甲"，让芦苇练就了"能屈能伸"的本事。一旦强风袭来，芦苇可以立刻倒伏，而不被折断。

拥有铠甲，只是芦苇免遭弯折的第一步。紧接着，芦苇的茎秆又发现了新的生存之道——既然风浪太强，站着容易受伤，那就索性躺平。芦苇的根状茎，可能是这个家族最值得骄傲的发明。它们的茎秆可以深埋在淤泥中，水平生长，甚至长出须根。等到时机成熟，根状茎上的腋芽，随时可以再度萌发，成为新的植株。通过这样的方式，芦苇家族在看不见的淤泥之下，形成了一张四通八达的网络。哪怕切断这张大网中的一截，依然不影响新植株的萌发和成长。

也因为这张巨大网络的存在，芦苇所到之处，对于稳固淤泥中的水源、保持水土，有着特殊的生态意义。

有了这样的"秘密武器"，芦苇家族并没有满足。毕竟是植物界的社交之王，芦苇还会随着环境的变化，调整自己的高矮胖瘦。科学家发现，芦苇植株的高度，会随着水深的增加而增加。深水环境中的芦苇，为了争夺更多的资源，往往长得更高大。与此同时，植株更高的芦苇群落，植株的密度也在减少。这是每一个芦苇家族，在综合考虑周围生态系统后，自行作出的调整。合适的疏密度，也让生活在芦苇荡中的动物朋友们，有了更加良好的居所。

从这个意义来看，芦苇不仅行侠仗义，简直称得上怀揣兼济天下的理想。可能在热爱与不同物种为邻的芦苇看来，这样的日子，才是真正意义上的生活吧。

在汉乐府《孔雀东南飞》的故事里，决心殉情的刘兰芝，用一句"蒲草韧如丝"来形容爱情的坚贞不渝。但是，在芦苇的世界里，那些关于爱与美好的定义，可能更加广博。从塞北到江南，有水的地方，都有可能出现芦苇。它居无定所，又随遇而安；一边极力生长，一边享受着鸥鹭振羽，万家渔火。接地气的芦苇，似乎想要看遍每一个角落的繁华。不用说，它一定是爱惨了人间所有的美好。

雪岭云杉·团结就是力量

马儿一脚深一脚浅地赶路，山岭寂然无声。

这是我们第二次进入这条山谷。十月的天山秋意正浓。山脚下的伊犁，在这个时节倏忽有了山河旷远的意味。有的时候，会突然在林子里听见嬉笑打闹的声音。可能是打核桃的巴郎子——三下两下爬上树，举起竹竿，散落着阳光斑点的山坡上，裹着翠绿外皮的核桃应声落地。

但库尔德宁不一样。

库尔德宁的声音来自落入草丛的针叶、松鼠啃食果物，以及长风吹入挂满露水的森林。因为海拔高，这座山谷比市区要清冷许多。而对于生活在山谷里的大多数生物来说，这里的温度长年相对稳定，没有极寒，是个繁衍生息的好地方。

进入库尔德宁的山路很窄，车到山口，就没有办法继续前行。再往山上走，要向当地人借用他们的马匹。

伊犁马，多么遥远而又响亮的名字。这种带有传奇色彩的骏马，曾经被久居中原的人们惊喜地称为"天马"。在正式进入山谷的前一天清晨，我曾经迎着清早阳光中的薄雾，看见两匹伊犁马远远地站在山坡树下。体态修长，俊朗飘逸，恍惚间，若天降神灵。

骑马进山，从山谷到山腰。连续几个小时的马背颠簸并不好受。但是，高耸在山腰的那片森林值得一切辛苦。

雪岭云杉的家族，年纪已经超过四千万岁。它生长在天山海拔1500 米到 2800 米之间的中山阴坡带，树高二三十米。不知最初是谁为这个树种起的名字，它萦绕在山腰的情形，确如山谷云起。

没有人知道雪岭云杉的家族经历过什么。古老的植物到达一片土地的时间，往往比人类要早许多。在以百万、千万年为单位的时间里，人类的悲欢往往如沧海一粟。作为一棵无悲无喜的大树，为了延续种族，却总能让人感受到些许壮士断腕的意味。

马儿还在山间行走。平常在城市中没有多少骑马经验的我们，骑一段路总得停下歇歇。周围的雪岭云杉渐渐遮蔽了天空，绿毯一般的林下草地上，树木就像排兵布阵一般，站成了一条直线。本来随性的自然生长，竟出乎意料地排列出一幅几何感十足的图案。

如果不是无意中坐在一根倒下的云杉树干上，可能我直到离开山谷，都不会注意到这种奇异的几何形排列。

落满枯黄针叶的树干上，一些幼小而翠绿的枝干探出脑袋。如果不多加留意，可能没有人会察觉这一丝丝弱小的绿意。

这是雪岭云杉的幼芽。它们的直径只有几毫米，面对偌大的森林、千百倍大于它们的大树，显示出一种无可名状的孤勇。

这是雪岭云杉的幼苗习惯的生长方式。它们的养分，来自倒

地死去的先辈。这是雪岭云杉家族约定俗成的契约。老去或遭到雷击的树木倒地，新的幼苗在枯木上获取养分，重新生长。因此，等到云杉幼苗的兄弟姐妹们长大，它们就在原先朽木横躺的地方，昭示着这里发生的一切。自然界的消解与重构如此美妙，又如此残酷。排列得横平竖直的年轻云杉，或许是死去的老树唯一能留下的痕迹。假如植物的世界里也存在情感，那么云杉家族为了后代存续做出的牺牲，可能是行将死去的老树最后的欣慰。

家族成员之间的默契，让雪岭云杉在世世代代的群居生活中如鱼得水。在每一个海拔、温度和土壤适宜的地点，这种高大的树木都能成片生长。在生态研究者眼中，每一棵雪岭云杉，都像一座小型的水库。在为天山的山坡稳固水土的过程中，雪岭云杉也留住了自身所需的营养物质。生命与环境的契约，在亿万年的进化过程中，早已磨合得天衣无缝。

我们骑马所到的终点，是一片根系出露地表的雪岭云杉。当地的护林员，时常要在山间巡视。这个地点海拔较高，接近他们长途跋涉的终点。

就算做好了充足的心理准备，当这些裸露的根系出现在眼前的时候，我依然感受到了来自生命本真的震撼。这些盘根错节的根系，像一张大网，将整个山坡牢牢固住。而这，只是雪岭云杉根系的冰山一角。事实上，在雪岭云杉出现的整个地下，不同个体之间的根系，同呼吸、共命运，将最有力的臂膀伸向彼此，牢牢生长在一起。

雪岭云杉的根系，是这个家族繁衍至今的制胜法宝。无论是肥沃的土壤，还是坚硬的岩石，它们都能向前延伸，一往无前。而这个英雄般守卫山间水土的植物家族，也在一次次的探索中赢得了自己的生存空间。

当一棵树的名字与天空中的云发生关联，它就被注入了某种浪漫的情怀。雪岭云杉出现的地带，人们的生活也似乎有了一种来源于自然的诗意与灵感。

　　山谷里，一对老夫妻拒绝了城里的楼房，将自己的家建在了山坡上。库尔德宁山谷四季有花，老夫妻将小院打理得整整齐齐，在不大的院落里养起蜜蜂。近乎简陋的茅草屋外，种满了瓜果与鲜花。生活在库尔德宁山谷里的日子里，一抬头，就能看见雪岭云杉，就能获得内心的富足。

　　山脚下，哈萨克族老人在长满花草的小院里，用这种笔直的树木制作冬不拉。即便定居后，冬不拉的声音，依然能唤起古老游牧民族的记忆。

　　从傍晚云霞中的某个角度看天山，会忽然懂得"天山"这两个字的真正含义——这座分隔南疆与北疆的大山，每每被云层簇拥在怀中，果真如同飘浮在天上一般。雪岭云杉在山腰默默站立，站成岁月的沧桑，站成威严的气度。在山间，雪岭云杉为很多生物提供了栖息地，而这一切都离不开雪岭云杉家族在地下铺开的那张大网。面对家族的死亡与新生，每一棵雪岭云杉都休戚与共。它们的骨子里，温柔而又坚定。

猪笼草·一个肉食主义者的自我修养

　　每一个安逸的黄昏，人类的城市都会变成一座众鸟归巢的丛林。隐藏在城市肌理中的小巷，从刻板的安静中苏醒过来。我喜欢在黄昏时去菜市场走走。没有规规矩矩的货架，没有整齐划一的摆放，但某种不规则的美感，就像冲破城市水泥缝隙的新叶，让一切都变得有滋有味起来。

　　人类的厨房，时常充当着识别一个人性格的标签。有人钟情活色生香、炽热浓烈，有人偏爱清汤寡水、素雅悠然。傍晚或清晨，从厨房里散发出的饭菜香，是钢筋水泥丛林里的人类，借助食物获得的体贴入微的慰藉。

　　当然，相比于人类，植物们身处的是更加名副其实的丛林。不过，假如植物也拥有各自的厨房，其精彩程度可能绝不亚于人类。

　　当大多数植物还在泥土和空气中你争我抢的时候，猪笼草已经盯上了更加高级的食材。

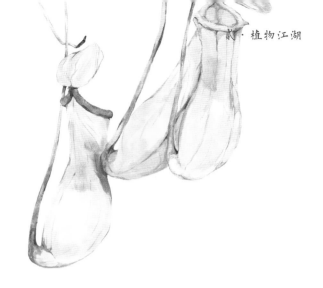

"如果这不是海伦的'忘悲水'，那它将是所有植物学家的。若在长途跋涉后发现这种美妙的植物，定会为之叹服，所有的不快都会忘记，并感叹大自然怎么会如此的神奇。"

——哈里·维奇（Harry Veitch）

这是瑞典东植物学家及医学家卡罗勒斯·林奈（Carolus Linnaeus）在他的著作《克利福特园》（*Hortus Cliffortianus*）中描述的，来自斯里兰卡的滴液猪笼草（*Nepenthes distillatoria*）。猪笼草属的学名来自荷马史诗《奥德赛》（*Odyssey*）。在史诗描述的故事中，埃及女王带给海伦一瓶名为"Nepenthes pharmakon"的药水。"这瓶药水名字的意思，就是"没有悲伤"。1753 年，林奈在《植物种志》（*Species Plantarum*）中正式公布了猪笼草属植物的命名。从那时起，这个以"忘忧"为本意的名字，成了猪笼草属植物的正式名称。

作为植物界中的"美食家"，猪笼草也许不知道自己能给植物学家们带来如此巨大的惊喜。猪笼草自己的"忘忧"秘诀，可能真的来源于它是一个彻头彻尾的吃货。如果根据植物的口味，能识别它们的性格，那么猪笼草"无肉不欢"的爱好，就是它天生成为"猎手"的首要原因。

猪笼草吃虫，已不是什么新鲜的消息。猪笼草的内壁上，布满了它的"胃液"。触角一样向外延伸的"笼子"，足以成为许多昆虫的噩梦。

只不过，猪笼草可能没有料到，自己也会与人类的餐桌产生关联。

广东省台山市的上川岛，充满神秘色彩。在民间盛行的传说中，这里是海盗王藏宝的地点，对上川岛历史有了解的当地人，总能绘声绘色地讲几段海盗张保仔和郑一嫂的故事。张保仔带领的红旗帮，是那个时代活跃在南方沿海的众多反清复明的海盗团体之一。传说，张保仔最终在上川岛留下了巨额财富。传说越离奇，听众便越发好奇。可以想象，自张保仔后，海岛上的礁石、洞穴，或多或少都曾经成为寻宝游戏的主角。

上川岛上至今留有许多与当地传统民居迥然不同的尖顶建筑。那是葡萄牙人在此修建的教堂。这个传奇般的岛屿真正的重要之处，在于它是海上丝绸之路上的咽喉锁钥。因为葡萄牙人的登陆，这里成为从广州向外运输货物、率先进行交易的关键地点。

恢宏的历史，总是在不朽的砖石中留下印记。而上川岛上的岛民，却在更长久的时光中关心鱼群的往来、草木的生长。猪笼草，就是岛民们日常生活的伴侣之一。

在猪笼草被公认的 100 多个原生品种里，分布在中国的，只有一个名为奇异猪笼草的品种。在开阔的谷底，只要获得充足水分，奇异猪笼草就可以恣意生长。

上川岛是猪笼草的理想居所。岛民们常常在山林之间看见一个个长势喜人的小"笼子"。不同于人工养殖时，人们喜欢把

猪笼草倒吊在半空，野生环境下的猪笼草附生在茂密的丛林中。为了确保在高温、高湿的生存环境中获得生长空间，它们带着相当不发达的根系，选择攀缘在其他植物身上。些许独自生长的猪笼草，任由巨大的捕虫笼向四周延展，就像是躲避在林间伺机而动的猛兽。

比猛兽更加聪明的是，猪笼草用以捕猎的"触手"，散发着格外香甜的味道。

科学研究表明，猪笼草捕虫笼的开口边缘和盖子，可以分泌出蜜汁。这是猪笼草用以捕猎的绝佳诱饵。好的猎手，永远掌控和预判着猎物的行动轨迹。当昆虫无法抵挡诱惑，靠近笼体，再接触到的液体，就不那么美好了。

猪笼草内部的液体成分复杂，每个种类的猪笼草分泌的"消化液"也稍有不同。但是无论如何，这种用来消化的汁液，都会含有大量的酶，并且带有很强的腐蚀性。一旦昆虫滑进笼中，便是一出无人生还的戏码。

其实进化成这样的顶级猎手，并不完全是猪笼草的初衷。和其他植物一样，猪笼草一开始也只想安安静静地等待从泥土中吸取养分。只不过，后来的它，发现自己生活的这个地方，实在无法让它日日饱餐。

和许多南方沿海的土地一样，上川岛的海岸，拥有大片酸性的沙质土壤。这种土壤满足了猪笼草根部需要透气的需求，却不能提供足够的氮、磷等元素。

为了获得足够的养分，一些植物选择自立更生，把根系锻炼得极强；而猪笼草的祖先，不知道经历了什么样的机缘巧合，仿佛修炼出了武林秘籍，学会了与鸟兽争食。昆虫的蛋白质中，蕴藏着猪笼草在土壤中难以找到的微量元素。在亚热带燥热的海风里，猪笼草比很多年后才会出现的海盗，更早摸清了荒岛生存的攻略。

如果说猪笼草的祖上，除了捕猎的技巧之外，还给这个家族留下了什么财富，那么节约和克制，可算得上是它们重要的家训。其实，一棵猪笼草一生食用的昆虫很少，而且只要补充够了所需的营养物质，它的捕虫笼就不再继续生长。

在一个又一个寻常烟火的日子里，猪笼草独自享用着自己的美食，而上川岛的岛民们，也发现了猪笼草用以捕获昆虫的蜜汁，浸满了人类钟爱的鲜甜滋味。因此，当地人将果腹的大米塞进洗净的猪笼草，用竹签将捕虫笼的开口封住，上锅蒸熟，大米沾染了蜜汁的香甜和海岛山林的气息。猪笼草饭，成为专属于这座海岛的味觉记忆。

同样的美食，也出现在了马来西亚的岛屿上。猪笼草在自己修炼成植物界美食家的同时，也带着新鲜的味道，让人类的餐桌成了它的另一个江湖。

　　自然界的食物链，素来不因某一个物种的意志而改变。为了维持生态平衡，所有的生物都在与其他的物种相互结盟，或者展开周旋。在这场生存竞赛里，江湖恩怨无可避免。但是，每一种生物，都在为自己准备一顿大餐的路上奔忙。吃肉，也许不是猪笼草作为植物最初的选择，但一定是它在进化过程中最自豪的天赋。

叁·亲爱的朋友

在大众的眼里，树是沉
默不说话，无悲无喜；
其实，树不是不说话，
只是人类听不懂而已。

微风吹拂过盛夏的草木。原野中的窃窃私语，被阳光和月色掩盖，又在每一次雨声和虫鸣中变得格外喧嚣。

和人类社会一样，植物出现在彼此的生命中，时而是最令人艳羡的伙伴，时而又是反目成仇的对手。有时候，植物之间是敌是友，难以分辨。

很多植物在面对共同"敌人"——食草动物的时候，会展现出出奇的团结。

对于生长在非洲莽原上的金合欢树而言，自己的处境便不是很令人满意。作为广袤草原上长颈鹿最爱的美食，金合欢树似乎难以逃脱被啃食的命运。面对这样的状况，金合欢树家族自然进化出了反击的方式。它们的树叶，会在被啃食后的短短几分钟内分泌毒素。更加精彩的是，植物学研究者们还在它邻近的同伴身上，检测出了相同的毒素。这说明，金合欢在遇到危险的时候，会立即启动应急机制，用自己的方式，向"亲朋好友"传递信息。

骨子里充满野性的植物，日复一日，在弥漫着花草清香的土地上相互致意，又彼此充满警觉。

植物传递信息的方式，以释放化学物质为主。

例如，被长颈鹿啃食过的金合欢，相互传递"这里有长颈鹿"

这条信息的方式，就是散发一种气体——乙烯。金合欢树释放乙烯的行为，就像动物群中放哨的角色，为周围的同伴秘密传递消息。这条消息，以树木才能懂得的方式，迅速随风扩散。金合欢树的同伴们感受到乙烯的存在，便可以立刻启动警报，释放出名为单宁酸的物质。这种物质口感奇差，浓度高的情况下还会使动物丧命。

除了化学物质，植物之间相互传导的还有电信号。

生物数据声音公司"数据花园"首席技术官乔恩·夏皮罗，最先使用 MIDI 萌芽设备，开启了植物的音乐之旅。用一个类似听诊器的仪器，将包含电极探针的传感器附着在植物身上，就能测量两株植物之间电导率的变化。光合作用中水的移动、不同光线和外物的刺激，甚至其他生物的出现，都会导致电导率发生变化。

这些变化，会被仪器精准捕捉，并被发送到计时器，计时器依靠微控制器来测量不同变化产生的脉冲。当这些脉冲超过预定阈值，根据电导率和设备声音参数的不同，设备将生成一个个 MIDI 音符。

当从植物中检测到的电阻被转化为音符，人类有幸听见了植物的低语。如果身处森林之中，植物的世界一定比人类想象的更加喧嚣。

19世纪，科学家用实验方法检测到捕蝇草体内产生的电流，证实了植物之间"通电话"的可能。随后，不少科学家采用一系列物理和化学刺激，在食虫植物、感震植物、攀缘植物和非敏感植物中发现了电信号。通过电子翻译器，人类能够发现植物在不同情绪下的"声音"。

随着研究越来越深入，植物更多的沟通方式，以人类难以想象的方式出现了。德国科学家发现，有的植物可以通过人耳听不见的高频声音"说话"；有的植物则通过人眼察觉不到的微光来传递信息。

通过强大的信息网，植物的生活生动而有趣。柳树在遭到害虫啃食的时候，会在嫩叶中分泌大量石炭碱，让幼虫无法继续进食，并且寻找其他的食物。而且和被啃食的金合欢树一样，柳树也会给身边的同伴通风报信，让大家都做出相同的反应。同样，广受人类喜爱的薄荷、番茄等植物，在受到伤害的时候，都会释放出有毒物质，并且通知自己的邻里。

这样的故事，在植物界比比皆是。这样的沟通体系，甚至让不同种类的植物相互连接，成为一张立体的大网。这张大网比人类的道路和虚拟网络更为巨大，在这张网络中，高度不同、生活方式不同的植物相互沟通，成为朋友或敌人。它们共抗天敌，又各显其能，相互争夺领地。植物的世界弱肉强食，犹如诸侯纷争的乱世天下。

菟丝子，一种攀附于他人的一年生植物。它看似柔弱无比，却能让许多看似比它健壮的园林植物死于非命。中国科学院昆明植物研究所的植物学家在研究时发现，菟丝子寄生在其他植物身上的时候，可以通过自身的维管束与寄主交流。转录组学研究表明，菟丝子和寄主在正常生长状态下，存在着上千个信使RNA的交流，而且在转运中可能作为一种长距离运输信号，发挥生物学功能。

也就是说，菟丝子像一根缠绕在植物世界的"网线"一样，在不同寄主之间转运信号、水分、无机盐和有机营养物质。这种稳定的信号和物质传输，能够让寄主仿佛受到某种精神控制，发生一系列对自身不利的生理变化。

随意入侵他人领地的菟丝子，足以令各种植物闻风丧胆。然而，尽管同种植物之间更为友好，它们之间的关系也并非亲密无

间。假如在一片松树林中仰望天空，便会发现树与树之间保持着冷静的克制。遮天蔽日的树冠，在相互之间留有清晰的边界，绝不触碰彼此。树木的这种"社恐"属性，被植物学家称为"树冠避羞"。植物之间究竟如何达成这种互不打扰的共识，其实人类并不完全知晓。这样的行为，就像植物家族的先祖为了避免后代出现互相伤害、抢夺光线和地盘而制定的规则。

植物之间的大多数联盟，都是出于对天敌的抵抗。而对于友好的物种，植物也极擅与之结成联盟。

在森林里，每一种植物都会选择几种真菌与之共生。这样，它们能让自己有效根部的表面积扩增好几倍，借此吸收更多的水分和养分。与真菌共生的植物，比没有真菌共生的植物多出两倍以上的磷和氮。真菌不只是为同类树种之间搭桥建梁，还将各种不同的树连接成为一个整体。科学家曾把具有放射性的碳注射到一棵白桦树上，经由土壤中的真菌联结，这些物质的成分后来竟然出现在了一棵相邻的花旗松身上。

共生与争斗、狡黠与真诚。植物与自身、与其他物种之间的交流，远比人类想象的更为复杂和精彩。在植物眼中，世界运行的逻辑简单而又深邃。当我们身处自然，将目光投向这群未曾开口说话的伙伴时，才能意识到，万物的命运交响已经上演了亿万年。植物的乐声，无所不在。

金钗石斛·一粒老鼠屎，会怎样？

一粒老鼠屎，有时候并不会毁了一锅粥。

至少在金钗石斛的世界里不会。

当然，能与金钗石斛结为好友的老鼠，也不是普通的老鼠——严格来说，它并不是老鼠，而是属于松鼠科的鼯鼠。这种眼神无辜、看起来蓬松柔软的小动物，在民间被称为"飞鼠"。在暗夜的树影里，鼯鼠一改蜷缩成一团的呆萌气质，身轻如燕，滑翔近百米，仿佛拥有绝世武功。

对于好友金钗石斛的邀约，鼯鼠从不拒绝。毕竟，同时隐居在深山，正好借着三分月色，花下同饮，做一对惺惺相惜的世外高人。

春末的神农架，草木始盛。绕山蒸腾的云雾，还在酝酿一场不徐不疾的春雪。

很多人知道这片山林，始于早年间有关野人的传说。神农架处在湖北省中部、紧邻武当山和三峡库区，区域极大。这片广袤的土地，经过几十亿年地质作用的挤压，形成大大小小的褶皱，成为一条条风景各异的沟谷。

虽是山重水复的艰险之地，神农架所在的湖北省十堰市房县一带，却传闻自古以来就是帝王家的"专属"流放目的地。历朝历代，许多在权势斗争中遍体鳞伤的皇亲国戚、失意贵族，都曾迁居到这里。据说，清初，朱元璋的后代甚至在此自立宫殿，意图反清。从这个意义上看，神农架一带的草木云烟，不知曾经宽慰过多少郁郁不得志的心怀。

为何古代多有皇亲国戚迁居至此？在当地，我们没有得到确切的答案。不过，眼前这座宝藏一样的山林本身，或许已经回答了所有的疑问。

在春夏之际的神农架的山林间跋涉，十有八九不会碰到野人，而会碰见平生未见的奇花异兽。

金钗石斛和鼯鼠，都自带人类求之不得的灵丹妙药。鼯鼠的粪便，晾干后是一味有名的中药，名为"五灵脂"。这种药材，内可治疗妇科淤血内阻、血不归经；外可应对跌打损伤、毒蛇叮咬。为了应对它的腥臭，人们用酒、用醋，用一切可以遮盖味道的辛辣食材送服。金钗石斛更不必说，

在《神农本草经》中，石斛就被列为药材中的上品："主伤中，除痹，下气，补五脏、虚劳羸瘦，强阴。久服厚肠胃，轻身延年。"而在石斛的诸多品种里，金钗石斛最为难得，民间把它奉为"救命仙草"。如今，金钗石斛虽已被列为国家二级保护植物，但是就像所有封神故事的发展一样，围绕金钗石斛的说法，依然神乎其神。

人们说，金钗石斛必须下临深不见底的悬崖，每天清晨和傍晚的阳光，必须通过岩石和水面的反射，照到金钗石斛的植株上；周围还一定要有泉水叮咚的声响。只有同时满足这些苛刻的条件，金钗石斛才能保持生长。如此看来，在民间传说的故事里，金钗石斛堪比生活在绝情谷底的小龙女，姿容绝代，不可方物。

为了一亲芳泽，当地人曾经发明出一种杂技般的采摘方式。借用空中飞悬的木梯，或干脆沿着一根绳子，采摘者们就能攀缘向下，在悬崖绝壁上如履平地。当然，这样的采集，如今已经不复存在，今天的神农架，已经被列为世界级的地质公园，其中的一草一木，都受到严格的保护。不过，采摘石斛的过程中诞生的神话故事，倒是能为金钗石斛和鼯鼠坚贞的友情佐证一二：人们说，当采摘者拴好绳索，飞身攀爬在悬崖上的时候，鼯鼠常常能从天而降，无情地咬断人类的绳索，让企图伤害金钗石斛的人葬身谷底。

在人类的理解中，能够长长久久地陪伴在一起，还能有难同当，仗义相助，金钗石斛与鼯鼠的灵性，简直超越了许多号称饱读诗书的人类。

而自然界的关系，来得更加直白。对于金钗石斛来说，一切都是为了生存。

在野外发现金钗石斛，犹见世外仙姝。倘若适逢盛花期，成串的花朵挂在花枝上，风一吹，颤颤巍巍，纤细柔弱，仪态万方。金钗石斛的花瓣细长，颜色由粉紫渐变成纯白。花朵正中的一点深紫，像极了美人眉心一颗痣，衬得花朵愈发娇俏可人。

寻找金钗石斛的过程，于是也有了几分虔诚的意味，就像寻找一位行踪无定的仙官，不经焚香沐浴，不可贸然造访。

遮天蔽日的林间，老树盘根错节，就像编织出一个通往未知维度的世界。无论阳光还是雨水，透过树叶间隙的层层过滤，在树荫里，残留下零零星星的斑点。

这是金钗石斛喜爱的生存环境。

作为不折不扣的兰科植物，金钗石斛和所有的兰花一样，善于在草木繁盛、阴凉洁净的地方生长。不需要借助肥沃的土壤，石斛在粗壮虬曲的老树树皮上，或者粗糙的岩石缝隙里，也可以附生。为了储存水和养分，兰科植物进化出了膨大的假鳞茎。

金钗石斛的假鳞茎，也长成了胖乎乎的模样。当年采摘金钗石斛的人，要的就是这截假鳞茎。这其中，几乎包含了金钗石斛的全部家当。金钗石斛之所以附生在树皮和石缝里，是因为它的根系呈现出一种特殊的海绵状组织。为了满足气生的需求，金钗石斛不能扎根在水分过多的土壤里。因此，金钗石斛如果想为自己多储存一些养分，只能依靠茎的力量。

也正是因为如此，金钗石斛对于养分的来源，极为敏感。在各种各样的养分来源中，鼯鼠的粪便解决了金钗石斛的燃眉之急。作为名贵的"五灵脂"，鼯鼠粪便中含有丰富的矿物质成分，是金钗石斛生命所需的绝佳肥料。

没有人知道鼯鼠与金钗石斛是如何结识对方的。人们只知道，鼯鼠对于金钗石斛似有若无的香气，简直欲罢不能。这种长相似鼠又似狐狸的小动物，栖身在石斛生长的石缝里，如果有人或者其他动物入侵，它们就会奋起反击，保护自己的领地，也保护领地里那一丛丛柔弱可爱的金钗石斛。

生命与生命之间的契合，总是讲究机缘巧合。鼯鼠与金钗石斛的相逢，就像这世上无数来而复往的友情，只要你要，只要我有。等到月朗风清，总有知己在深谷崖边，等待着不见不散。

旅人蕉·有我在，停止你的蕉绿

在这个星球上，难得有这样一个角落，如此热闹，又如此落寞。

雨林、草原、沙漠与海洋，上演着一场华丽而奇幻的对手戏。挺拔的猴面包树如同巨大的纺锤扎进大地，幽灵般的狐猴从雨林高大的树丛中高高跃起，一群迁徙的长颈鹿悠然走过，狮群在焦灼的烈日里等待着猎物，大地一季一枯荣。大陆的尽头，海浪着吞噬着无边的黄沙，形成一个个潟湖——一切正如电影《狮子王》中描绘的那样，危机重重，而又活力四射。

马达加斯加，地处印度洋西海岸的非洲岛国。多种地貌的随机切换，让这座小岛上浓缩了从热带雨林到荒漠的多重景观。在生物进化的过程中，海洋担当着最好的屏障。作为一座漂泊已久的岛屿，马达加斯加是一片孤独的土地。它与非洲大陆分离，已经有一亿年之久，在这座岛屿上，物种从不与外界沟通，独自进行着繁衍与进化。因此，马达加斯加岛上将近90%的动植物，都是这座岛屿的特有物种。它们是遗落在地球角落的居民，保持着原始种群的珍贵特征。即使隔海相望的大陆，也与之截然不同。

马达加斯加的神秘与荒蛮，符合所有探险故事的设定。这个地方牢牢牵动着渴求猎奇和"艳遇"的神经，成为众多博物学家梦想中的天堂。

于是，当人们想象着一位旅人走进沙漠。日光的灼烧下，留给他的除了干渴，还是干渴。在大多数人编织的故事里，这个旅行者，最终遇见了一棵生长着阔大树叶的芭蕉树。植物为自身生存而储存的水分，让他在令人绝望的干渴中，看到了最后的希望。

带着听众们的期待，故事中的旅人最终走出了荒漠。这棵能够救人于水火的植物，也因此收获了旅人蕉的美名。

故事的口口相传，让旅人蕉声名远播。但是，真正到达马达加斯加的旅人，会发现这个故事更为真实的版本：现实中的旅人蕉，并不生长在荒漠之中。这种植物可以不断长高，达到五六米，甚至更高。而且，它们对水的需求量极大。在水源充足的沼泽或者湿地中，旅人蕉高高耸立。它们每一片巨大的叶子，都朝着固定的方向生长。对于经验丰富的旅行者们来说，这些排列整齐的叶片，就像可以判断方向的指南针。同时，这把巨大"折扇"的出现，也预示着高质量的水源近在咫尺。

在马达加斯加这个探险者的天堂，旅人蕉张开臂膀，指点迷津，接纳着所有天涯羁旅的迷惘。

中国人对于芭蕉的想象，始于文人的花晨月夕。在每一场细雨点滴的青瓦和花窗下，在每一次归乡情怯的思念与重逢中，芭蕉，寄托着千古不变的离愁别绪。

然而形状和名字都明明与芭蕉关联极大的旅人蕉，却和芭蕉

并不同属一科。在植物学分类上，旅人蕉属于鹤望兰科，这个科的植物中，最出名的，当属室内装饰中常见的"天堂鸟"。旅人蕉的花朵，与鹤望兰类似。但是，作为一株如假包换的草本植物，旅人蕉实在是太大了。

也许是成为一棵"巨无霸"殊为不易，旅人蕉的一生，的确同它名字的来源一样，见证了太多的友爱互助。

旅人蕉的生命，始于一片深邃的蔚蓝。

对于一般植物来说，过于谨慎地包裹住自己的种子，并没有什么意义。毕竟，种子的任务，是尽快离开母体，独立生根。但是，旅人蕉的种子，进化出了外种皮、中种皮和内种皮；除此之外，它还为自己的种子准备了一层假种皮。不知道是不是因为马达加斯加的自然环境过于艰险和复杂，旅人蕉似乎尤其小心翼翼地呵护着自己的种子。层层叠叠的种皮之中，偏偏这层看似最多余的假种皮，长出了最摄人心魄的美艳颜色。

该如何描述呢？当我第一次见到这抹蓝色的时候，仿佛看见旅人蕉的果实里，装下了一片海。假如旅人蕉变成人类，这抹看起来深不见底的幽蓝，或许偷偷藏着他心里最惊艳的时光吧。

自然界的现象，通常都不会无缘无故产生。假如旅人蕉心里真的藏了什么惊艳时光的秘密，那可能就是狐猴了。

其实在马达加斯加，狐猴和旅人蕉令人艳羡的搭档关系已经是公开的秘密。这种脸长得像狗又像狐狸、弹跳力极强，但是没事儿一般懒得动弹的猴子，每天过得云淡风轻。除了自己和家人，它们几乎对所有的事情都漠不关心。

如果有一个例外，那就是旅人蕉。

狐猴主要生活在旅人蕉的叶墙和树顶。它们平时喜欢甜食，因此，最方便的餐厅，就是旅人蕉的花朵。然而，旅人蕉的花长

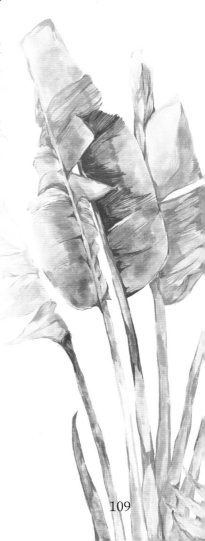

在巨型绿叶之间，为了保水，它的叶片还拥有褐色坚硬的皮革构造，想要吃到花蜜，就必须使劲扯开坚硬的花瓣。这个体力活儿，对于一般的传粉动物来说，只能望洋兴叹。但是狐猴不同，狐猴的力气很大，轻轻松松就能把花掰开，把长长的舌头伸进花朵，吮食花蜜。就在它们大快朵颐的同时，旅人蕉的花粉会顺势黏在狐猴的皮毛上，跟随它们一起，造访另一棵旅人蕉的花朵。

被狐猴撕开后的花朵，还会有其他的昆虫和小型动物继续取食。狐猴的出现，完美地解决了旅人蕉传粉的问题。

当你成为某个人心中的那个例外，多多少少就会变得有恃无恐。难怪旅人蕉放心大胆地把自己的花蜜和种子一层又一层地包裹在坚硬的皮革和蜡质结构之内，而假种皮上的蓝色，也正是为狐猴而设计的——对于狐猴来说，蓝色比其他颜色更能引起它们的注意。

当然，也有一些研究者认为，这种短波长的蓝色能够吸引夜行性原猴——指猴的到来。这种以食虫为主的猴子，会在种子裂开露出蓝色的假种皮后闻讯而来，让旅人蕉免受昆虫的侵扰。

旅人蕉不知道的是，武装到牙齿的生长方式，也让它成了人类的好朋友。

作为一棵生长在沼泽中的植物，旅人蕉储存了大量的水分。这一点，恐怕常年在沙漠中行走的骆驼都望尘莫及。将管子插进旅人蕉体内，就像收获了一个天然水龙头。这个奇异的功能，源于旅人蕉健硕的叶鞘。旅人蕉体内的水，并不储存在叶片之中，雨季，大量的雨水通过巨大叶片的引导，沿着叶柄进入叶片底部的"V"形凹槽。在这里，顶部宽大的树叶遮挡了阳光，排列紧密的叶柄，严丝合缝地将水分保留其中，让雨水只进不出，就像天生自带一个水桶。这样，通过叶柄内部维管束强大的吸水能力，旅人蕉仿佛为自己建造了一座小型水库。

由于长期贮存大量水分，旅人蕉的叶片肥大且宽厚。它的叶柄表皮光滑，表面还覆盖着蜡质——一切都是为了更好地防止体内的水分蒸发。在一个水源特别珍贵的地方，手里的"余粮"自然是越多越好。这样，为了让叶片不断更新，旅人蕉叶柄底端的部分不断木质化。年复一年的增长，让旅人蕉最终仿佛踩上了一副"高跷"。在高大树木众多的热带雨林边缘，这样的身高优势为旅人蕉争取到了更多的生长空间。

这样，旅人蕉成了马达加斯加的"国树"。它的形象，出现在马达加斯加的国徽、马达加斯加航空公司标志，以及国际植物园保护联盟（BGCI）的标志等一系列富有纪念意义的徽章上。人类对于这种植物的喜爱，可能已经不亚于狐猴。

暑热难耐的丛林里，旅人蕉挺拔而骄傲的身姿，如同孔雀开屏，迎风站立。自然界的物种进化，不以人类的需求转移。就像旅人蕉并不会永远像故事里那样，适时地出现在旅人身边。但是，植物常常在无意中与人类或其他动物结下团结互助的友谊。

无论如何，在艰辛的旅途中，你永远可以相信一棵旅人蕉。

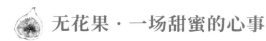

无花果·一场甜蜜的心事

无花果的甜，是一种不掺任何杂质的甜。

仿佛秋日午后，微风拂面，你和爱人倚在花园的草坪里。尚存一息暖意的阳光照射下来，空气中洋溢着果物成熟后独有的味道，你们牵着手，相视一笑，一切烦恼都烟消云散。无花果的甜，就是这样，纯粹、热烈、丰盈，好像下一秒钟，就要把这世间所有的欢喜和甜蜜，都迫不及待地捧到你的面前。

第一次看到大片新鲜的无花果，是在山东威海。这个滨海小城，在大海的包围下显得整洁而清爽。每年夏秋，是当地人最快乐的日子。海风不徐不疾，可以踩着拖鞋，沿着城市里带有些许坡度的道路，去住处附近，和朋友分享一桌美味又平价的海鲜。

威海的城市外围，是海上零零星星的岛屿。在山东的海边漫步，会很快领悟到古人为什么能够创造出蓬莱仙山的神话。大块大块的花岗岩山石，被来自海洋的风与浪潮雕刻成桥梁，成楼宇，成为种种似幻亦真的形状。只待云雾升腾，就能营造出梦中仙境的剪影。

海洋上的云雾与山峦，从古至今一直冲击着人类的想象力。

在威海，古人为岛屿起好了浪漫的名字。

苏山岛，因为地形高耸犹如海上高山而得名。在这座岛上，一株100多岁的无花果树，至今向来来往往的人群，伸出它每逢夏秋就会渐渐挂满甜蜜的枝条。

和所有无花果树一样，苏山岛上的这无花果树也来自遥远的异乡。

波斯，一个对于中原来说，充满异域色彩的名字。1000多年以前，这里街市繁华，摩肩接踵。高大如神庙的建筑，雕刻着繁复的花纹。沉稳的石块中，彩色玻璃制成的装饰，仿佛闪烁着星光。

那里，是无花果的老家。

　　古往今来，在许多学者笔下，无花果树几乎和佛教中的菩提一样，从人类宗教伊始，就充当着智慧的象征。有人说，伊甸园中夏娃吃下的智慧果，她用来遮挡身体的第一片树叶，都来自无花果树。

　　在今天的伊朗，无花果依然是当地人种植在院落里，触手可及的水果。就在波斯的先人们刚刚开始大批大批地把这种水果贩卖到遥远的异国，四五百千米之外的盛唐，萦绕着胡旋舞与葡萄美酒的长安，同样正通过丝绸之路往返于西域的诗人与舞姬，享受着许多前朝人没有见过的风物与技艺。

　　据文献记载，唐朝前后，无花果从原产地中亚一带沿着丝绸之路大量进入中国。与它一同到来的，是一个前所未有的盛世。无花果那份沁人心脾的甜蜜，在一个繁花渐欲迷人眼的年岁里，恰逢时宜地盛行在了中国人的餐桌上。

　　如今威海人每年秋季必吃的无花果，也是远渡重洋的来客。

当地人说，苏山岛上的无花果树，早在19世纪就漂洋过海，被引种至此。这个树种对于土壤的包容度极高。它们耐受盐碱，喜好温和湿润的气候。山东一带的海岛，对于无花果树来说，就像一个自由的独立王国。

威海郊区的房前屋后，常常生长着巨大的无花果树。人们对这些蓬勃的树木不加打理，任其生长。等到了收获季节，街头巷尾，就会出现大筐大筐的无花果。

无花果的绿色果壳看似坚硬，实则暗藏着饱满的灵魂。轻轻捏开，你会发现，这种果实的内心世界里，渲染着艳丽的桃红。大自然的设计如此精妙，可能没有比这更适合表达甜蜜的颜色了。威海人亲切地把无花果称为"长在树上的糖包子"。如果植物的一生是一部电影，那在无花果的剧情里，一定充满了向观众疯狂"发糖"的情节。

或许无花果的一生，注定充满了交换与契约。对于某些昆虫来说，无花果那浓到黏稠的糖分，是贯穿它们一生的温柔与劫难。

假如榕小蜂的家族有一本族谱，写在第一条的，一定是它们与某棵榕属植物之间的生存约定。

植物开花，昆虫传粉，是大自然中常见的景象。然而，对于无花果所属的桑科榕属树木来说，这个看上去再简单不过的事情，却充满了艰辛。

无花果，顾名思义，不开花就能结果。但是，这个名字仅仅处于人类早期并不完整的认知。桑科榕属的植物果实，拥有一种特殊的隐头花序。它们就像一个向内翻卷的桑葚或莓果，将所有的雌蕊和雄蕊都包裹在内。一个隐头花序，会发育成一个完整的聚花瘦果，无花果并不例外，也采取了这样的生存方式。无花果的花朵，全都默默地开在了心里——怪不得它的果实这样甜美，所谓心花怒放，也不过如此了。

不过，花开在果实内部，这意味着一般的昆虫看不见花，更不会给它传粉。密不透风的外壳，仿佛让无花果没有未来。

但上帝给你关上一扇门的同时，就一定会留下一扇窗。如果仔细观察无花果的底部，你会发现，这种果实在这里留下了一个与外界互通的小孔。

借由这个小孔，榕小蜂应运而生。

榕小蜂科共有20属188种。学术研究显示，它们与榕属植物的共生关系，从白垩纪就已经开始。

有一部分榕小蜂，整个家族只和一种榕属植物形成独特的关系。二者之间对于契约的执着，让人类自叹不如。

"古度树不花而实，实从皮中出，大如安石榴，色赤，可食。其实中如有蒲梨者，取之数日，不煮，皆化成虫，如蚁，有翼，穿皮飞出。"这是贾思勰在《齐民要术》中对于榕小蜂的记载。人们推测，这种古度树，也是一种果实可以食用的榕属植物。无论古度树究竟是不是无花果树，这种果实究竟有没有在唐朝前就到达中国，它与榕小蜂之间的约定，都已经成了古人了解自然的一大发现。

每年春末，对于一棵无花果树和居住在其中的榕小蜂来说，都像生命轮回的起点。一批又一批新生的榕小蜂宝宝在果实内孵化出来。这种个头只有两三毫米长的昆虫，生命总共不过十几天。在短暂的生命里，只有完成交配后的雌性可以飞出榕果，而绝大多数雄性，都会在"掩护"雌性飞出榕果时，结束自己的生命。

作为回报，无花果给榕小蜂提供了温暖舒适的繁殖场所。

榕小蜂在进入无花果时，带着花粉，传粉后就会死去。在这个过程中，无花果完成了有性繁殖，榕小蜂则获取了雌花的营养得以生长。

但是，榕小蜂的种群中，也有一些投机取巧者。

和大多数选择钻进果实中繁育的榕小蜂不同，一些寄生在果实表面的榕小蜂，正在把蜂卵产在榕果内，占据蜂巢，却不给榕果传粉。然而，就在这些榕小蜂暗自窃喜，以为可以投机取巧的时候，一场动物之间的杀戮即将开始。

黄掠蚁，以捕食寄生榕小蜂为"虫生"第一要义。对于它们来说，停留在榕果表面产卵的榕小蜂，是唾手可得的美味佳肴。而从植物的角度上看，黄掠蚁捕食榕小蜂，能够把寄生蜂控制在很低的数量上，维持着一种微妙的平衡。

从西域出发，无花果的足迹已经遍布世界各地。在它的经历中，植物与动物的契约，人与人的契约，组成了一个又一个不可或缺的精彩瞬间——诚然，无论是在自然界，还是在人类社会，伙伴之间相互信赖与合作，都远比单打独斗的经历来得更加珍贵。

箭毒木·我有毒，但是我很温柔

最近，声名在外的箭毒木有了自己的烦恼。那就是——它可能吓退了所有的朋友。

人类给它起了一个听起来更直白，也更可怕的名字：见血封喉。

箭毒木有毒，这一点没有冤枉它。而且，它的毒性在所有的植物里数一数二，简直到了令人闻风丧胆的地步。

在不少人心中，箭毒木所到之处，都会引起江湖上的一场"血战"：藏于树干内的乳白色汁液飞溅而出，一旦进入前来进犯的动物血液，短短几分钟之内，敌人就会肌肉松弛，心跳停止。毒性之猛烈，让箭毒木完全胜任小说中各种下毒的任务。

如果传说还不够过瘾，那么正史记载中的箭毒木，更富有传奇色彩。清雍正年间，云贵总督高其倬，在战斗中对一种带有毒性的武器心有余悸。弓弩和毒箭，让清军损失颇多。高其倬在奏折中说，仲苗之弩箭毒性最大，射入人体不用很深，"才破皮肉即难救治"。此后，高其倬又绘声绘色地向皇帝描述了好几种用于武器的毒液。其中最可怕的一种，"其名曰撒，以此配入蛇汁

敷箭，其毒遍处周流，始不可治。闻此撒药系毒树之汁滴在石上凝结而成，其色微红，产于广西泗城土府，其树颇少，得之亦难。彼处蛮人暗暗买入苗地，其价如金，苗人以为至宝"。

高其倬所写的"撒药"，是一种名为栱树的树种。不多久，远在京城的雍正皇帝，就在战报中接二连三地读到了士兵中毒的消息。这支直接影响改土归流大业的毒箭，也深深扎在了雍正皇帝的心上，让他极欲拔之而后快。再也无法稳坐的皇帝，很快向广西军政要员发出指令，要求广西地方尽快找到栱树及其解毒药方："尔等可下力速速着人密密访问，若果有此树，必令认明形状，尽行砍挖，无留遗迹。既有此药，恐亦有解治

之方，尔等可密密遍处寻访解毒之术，如有解毒之方，即便写明乘驿奏闻。"

随后，广西地区开始了铲除栱树和搜寻解毒药方的行动。经过寻访，人们很快发现当地人反复提及的撒树，也就是栱树，傣族人呼其为"贡戈"，也就是今人所说的箭毒木。这种树木的汁液中含有一种有毒的蛋白质，能够阻断哺乳动物体内新陈代谢的途径。此后，朝廷下令大举铲除这种树木，据史料记载，雍正年间铲除的箭毒木，先后共计一千多棵。

一株植物，在西南边陲以一己之力引起中原王朝如此强烈的关注和反响，实属不易。而因此几乎遭遇灭顶之灾，恐怕不是箭毒木自己愿意看到的。相比于成为活在人类战场上的武器，箭毒木更想自由自在地躲在温热而肥沃的山谷里。

箭毒木的种子是典型的顽拗型种子。换句话说，这种种子萌发迅速，寿命很短，而且对环境异常挑剔。仅仅40摄氏度的高温，就能成为箭毒木种子的"死亡高温"。而箭毒木的萌发一般在雨林的干热季节，这个时候，平旷空地上的温度，大概能达到40摄氏度。因此，从箭毒木种子对温度的要求可以看出，这种植物对森林的环境极为依赖。想让它在无遮无拦的40摄氏度的土地上萌发，它可不干。

箭毒木的挑剔性格，远远不止于此。这些种子对水热条件近乎苛刻的要求，让箭毒木适宜生长的范围非常小，仅仅分布在海拔600至1500米的雨林之中。此外，箭毒木的种子在缺少光照的条件下萌发更快，这是为了适应雨林植被众多、树木遮天的环境。

可能在傲娇又挑剔的箭毒木内心，它不仅一点儿也不想上战场，还是个把自己裹围在重重保护圈中的宝宝。

不过这个宝宝长得实在是太魁梧了。一棵箭毒木，最高能长到40米。虽然扎根不深，但是宽大的板状根，有利于它抵抗山谷中的疾风。奋力张开的树冠，让它在高手林立的雨林中傲视群雄，获得充足的阳光。不得不说，如此高大的身躯，和它柔软的性格实在有点不般配。可能正因为这样，箭毒木才不得不保护好自己，进化出了下毒的本事吧。

生活得如此"玻璃心"，还自带令人退避三尺的下毒技能，让箭毒木身边的朋友太少。可是，谁会透过"心狠手辣"的外表，看透箭毒木的脆弱和敏感呢？

老话常说"以毒攻毒"，能和剧毒的箭毒木相安无事做朋友的，也不是一般物种。

非洲冠鼠，一种巨大号的仓鼠，体态就像一只豪猪。不过，它浑身的尖刺仿佛马上要面对全世界的剑拔弩张。不过最凶猛的捕食者都要对非洲冠鼠退避三舍，可能不是怕这些刺，而是因为非洲冠鼠是箭毒木为数不多的朋友。

不知道非洲冠鼠是何时到达箭毒木身边的。不过，这种动物与箭毒木的脾气相似，自我保护意识都极强。科学家推测，非洲冠鼠的唾液中进化出了一种特殊的免疫球蛋白，让它无惧箭毒木的毒性。它们与箭毒木相处的日常，就是花个十来分钟，小心翼翼地咬下一小块箭毒木的树皮，把它嚼烂，涂抹在自己身上。

箭毒木对于自己无论何时都在提供毒液的生存方式实属无奈。这种下毒的手段，从它自身的角度来说只是为了避免过多的动物侵扰到自己的生长。不过在中国的海南省，箭毒木和人类的相处可能更加温和。

五指山南麓的海南省保亭黎族苗族自治县，拥有中国境内难得的一片雨林。浓荫遍野的密林里，箭毒木对这样的家园十分满意。黎族，海南岛上的原住民之一。他们天生带有雨林热情而蓬勃的气质。但是，想要深谙雨林中一花一木的习性，其实并不简单。比如发觉箭毒木藏在狠毒表面下柔情的一面，就要花费不知道多少代价。

箭毒木的木材不耐腐、质脆，加上毒性猛烈，用以修造建筑，并非良材。但是，聪明的黎族人很快发现，箭毒木的树皮纤维细长柔软，富有弹性，又很强韧，非常适合制作成纺织用品。

祖辈生活在保亭的黄运英，做了大半辈子的树皮衣。这是他祖传的手艺。见血封喉的树皮制成纺织品，经久耐洗，柔软白净，树皮中没有了致命的毒液，但还残留着微弱的毒性，可以驱赶蚊虫，是大家公认的好料子。

树皮衣的传统做法是，选好树木后需要先按照适宜的长短砍下树干，用刀在树干一端砍一圈，然后用刀背慢慢地从上往下敲打树皮，使树皮与树干慢慢地分离，刀背不停地敲打树皮，使树皮越来越多地往外翻，直到树皮与树干完全分离。分离后的树皮，浸入水中搓洗，同时在石头上拍打，反复几次后就会变软，再经过晾晒，树皮就会变成树皮布。

箭毒木的树皮制作的衣料、床垫，据说数十年后，弹性依然如初。不仅如此，由于生长迅速，树干通直、出材率高，箭毒木的木材还可以做胶合板芯、纤维板及造纸原料。

不过，如今的箭毒木数量过于稀少，黄运英只有在获批后才能使用箭毒木制作衣料。他手中的这项非物质文化遗产，成品大多被摆进了博物馆。

现代城市中的箭毒木，依然以一种和平的姿态生存。广东省江门市楼宇错落，带有岭南小城独有的温热气息。2009年，林业工作者在由江门市代管的恩平市朗底塘背村发现了30多棵箭毒木。在周边的一些村落中，箭毒木也安详地挺立在村落里，与当地人相安无事。而在广西陆川县良田镇冯杏村杏屯，

这里的千年古箭毒木，枝干虬曲，满是岁月的痕迹。当地人将它视为村寨的象征，保持着如先祖一般代代传承的敬畏。

作为对生长环境要求极高的典型树种，毒箭木的生态和地理分布等特征，目前被许多学者作为划分热带与亚热带分界线时的重要参考标准，也是研究古植被、古气候、古植物地理的重要依据。

自然界的植物往往如此。进化出毒素，并不是为了害人，只是植物自我防御的一种方式。对于人类来说，"毒"与"药"充满辩证关系。

毒箭木的种子制药，可用于治疗湿热腹泻和痢疾等疾病，鲜树汁用于治疗腹泻、催吐以及强心等；其树液也已在医疗上用作肌松剂，还可用于麻醉；其乳汁在治疗女性乳腺癌疾病上也表现出了一定的功效。

于是，以毒性闻名于世的箭毒木，也成了人类的守护者。植物的凶狠与柔情，伤害与治愈，敌人和朋友，皆无定法。时间像一个淘金者，会从沙土中冲淡一切，带来最直击内心的答案。在箭毒木的世界里，最毒的外表下，隐藏的是一颗最柔软的内心。

绿藻·一位极简主义者的跨界朋友圈

人间的色彩，总有许多难以描摹的瞬间。

譬如朝日映照的天色，摇曳花影下的月色，以及亦幻亦真的水色——以至于每每路过大大小小的水面，总觉得水底隐藏着一个梦境般幽微的世界。

不过也许在藻类眼中，颠倒在水中的这个世界，才更加真实。

人类发明了千万种用以描述色彩的词汇，却似乎没有一种能够概括水的颜色。

藻类植物对于水下世界的了解，远比人类丰富。从第一天存活在水体中开始，藻类就左右着水体的色彩。藻类的种类很多，外形常常被忽略的它们，就像默默隐藏在水体中的造梦大师，让水色变化出远比人类美术作品更加丰富的颜色。

硅藻水，黄绿色。硅藻是水产养殖动物的优质饵料，因此，这种水是养殖对虾和家鱼的绝佳用水。

绿藻水，翠绿色。绿藻能够吸收水中的氮肥，净化水质。然而过多的绿藻，会让水质变得浑浊。

　　蓝藻水，蓝绿色或者墨绿色。藻类的大量繁殖，会让湖水富营养化。在极其缓慢的自然进程中，湖泊逐渐演变成沼泽和陆地。

　　藻类对水质的影响力之强，让它们好像游走在水域中的幽灵，没有固定形态，逡巡于浪潮与鱼群之间。来去自如，行踪无定。

　　绿藻的洒脱，来源于它极简主义的"藻"生态度。藻类中最大的门类——绿藻，共有超过 6000 个种类。它们的植物体，由单个或多个细胞集群组成。一些由多个细胞组成的绿藻，在每个营养细胞中都具有一个或多个色素体。

　　在显微镜的微观视角下，一些色素体的样貌极其可爱。譬如四球藻，就像 4 个小球摞在一起；盘星藻，周身仿佛长出尖刺，活像一个耀眼的星芒；新月藻，和许多单细胞的同类一样，甚至只有一个弯如新月的细胞。

　　在实验室的显微镜下，可以发现一个热闹非凡的微观世界。在这个世界里，绿藻就像世界上拥有不同相貌的人，在各自适合的领域里行走、生长，直至蔓延到水体的每一个角落。

不像结构复杂的花草树木，绿藻的结构并没有那么复杂。然而，麻雀虽小，五脏俱全，绿藻占据地球的时间，远远超越许多其他植物。科学家在化石中发现最古老的绿藻，距今已有十亿年。

既然成为植物届的"元老"之一，绿藻的生命力自然不容小觑。在自然条件下，绿藻的生长速度，能够达到数十倍，甚至数百倍于一些高等植物。在水体中，它们动用多种多样的繁殖方式，花式扩张着自己的群体。甚至，扩张到了动物的体内。

性格洒脱的绿藻，"朋友圈"自是不小。清浅溪流中的顽石，湖水中的浪花，都是它从出生就熟识的玩伴。2020 年，人类甚至在冰川遍布的南极发现了 1000 多个绿藻繁殖区——海鸟与企鹅，因为粪便能够为绿藻带来养分，也在全球变暖的环境下，变成了绿藻的新伙伴。

绿藻并不在乎人类对于气候变化的隐忧。自然界的植物，在用属于它们自己的方式发生变化，人类的举动，或许会带来一个物种的消亡，或许会带来另一个物种的狂欢，只是一切的一切，都终将反作用于人类自身。

人类原本以为绿藻的"跨界朋友圈"，只涵盖了一些动物以及一切没有生命的物体。不过科学家将视线投向自家后院的水塘时，却再度惊奇地睁大了双眼。

故事始于一片生活着大量斑点蝾螈的池塘。

这种长相如同一种巨大蜥蜴的两栖动物，浑身漆黑，只有背部遍布着明黄色的圆形斑点。斑点蝾螈是一种北美常见的动物，不过科学家发现，在绿藻生长较多的池塘里，斑点蝾螈的胚胎也发育得更加充分。

科学家开始追踪蝾螈与绿藻的共生关系。不过，单细胞绿藻甚至微小到只剩下一个细胞，对它进行监测殊为不易。不过，好在叶绿素拥有很强的荧光性，科学家在荧光显微镜的追踪下，发现绿藻出现在了蝾螈体内的胚胎细胞中。

这是人类第一次发现植物在动物体内与胚胎共生。究其原因，只能说，绿藻的爽快，让它甚至能与两栖动物的胚胎迅速达成合作。作为植物，绿藻的拿手好戏，当然是进行光合作用，产生氧气。对于蝾螈的卵来说，更多的氧气，会让它们的发育条件更加完美。而氮，对于蝾螈卵来说，纯属需要扔掉的垃圾，绿藻自动承担了消除氮的工作，并且甘之如饴——对于它来说，氮正是自己需要的养料。

随后，人们发现，绿藻不仅仅进入了蝾螈的体内。德国慕尼黑大学的科学家将藻类注入了蝌蚪的血管。在荧光显微镜的观察下，绿藻就像绿色的串珠一样，挂在蝌蚪的血管里。随着一次又一次的心跳，绿藻随着蝌蚪的血液，流过血管，最终到达了蝌蚪的大脑。照射在蝌蚪身上的光线，也最终促使藻类泵出了氧气。

有时候，科学研究也需要与艺术创作类似的脑洞大开。科学家在研究绿藻在动物体内与之友好共存的关系时，脑海中必然会想到人类自身——如果绿藻进入人类的躯体，是否一样会在我们晒太阳的时候产生氧气？如果人类能通过血管中的绿藻进行光合作用，我们能有朝一日自由地在水下呼吸吗？

一切尚且无答案。我们只知道，绿藻对于动物的友好，简直到了"变态"的地步。难怪绿藻能在地球上生存繁衍那么多年。在上亿年的光阴里，绿藻一边将自己的构造和生活简化到无以复减的程度，一边把合作共赢的路数发挥到了极致。不得不说，只有几个细胞的绿藻，已经借着无数高等植物和动物朋友的光，看到了更大的世界。

肆·草木情书

从怦然心动，到情意缠绵，自然界的每一个物种，都对两性之爱如痴如醉。

早春的微风里，我想用花朵赠你片刻欢喜。

从怦然心动，到情意缠绵，自然界的每一个物种，都对两性之爱如痴如醉。

春天，爱与繁衍从不缺席。在芳草遍野的原野，苜蓿的嫩芽正破土而出，桃杏渐渐露出嫩黄的花蕊，时常有一两朵芳心难耐的花朵，绽放在春寒料峭的枝头，提醒着这是一个满是悸动、爱欲和生命的季节。

在这样的一个季节，适合赞美一切与生长有关的事物。于是文人写春天，是草长莺飞，惊鸿一瞥，是牡丹亭外的姹紫嫣红；画家画春天，是开满繁花的枝头，舞衣翻飞的裙裾，以及绿意如织的山野。人类以浪漫之名，冠以埋藏在生物本能里对情爱的渴慕。巧合的是，人类用以献给浪漫的鲜花，恰好隐藏着植物自身隐秘的爱意。

早春的路旁和田野里，我常常通过植物，寻找那些令人惊喜的信号。先是树木的枝条染上青绿，再是细嫩的幼芽缓缓舒展，然后是花朵的绽放，像照进残冬那一丝微光，令人心生欢喜。

报春花是早早醒来的花朵之一。

看似毫不起眼的低矮植株上，报春花迫不及待地开启了一个花团锦簇的世界。热烈的红、明艳的黄、深邃的紫……没有人知道报春花的心里究竟隐藏着多少种色彩，尤其是在科学家的世界里，这位"春天的信使"，可能只有"千人千面"四个字可以形容。

生物学家达尔文关注到报春花的时候，大概也是一个繁花似锦的春天。和许多植物学家一样，达尔文对报春花的花朵产生了极大的兴趣。明明是同一种花，每一株报春花的内部，却似乎另有乾坤。

花朵，植物负责生殖繁衍的重要器官。花药产生的花粉，落在雌蕊的柱头上，萌发形成花粉管。花粉分裂成的精子与卵细胞结合，成为受精卵，继而发育成胚。与人类的偶遇一样，一粒花粉如何走进另一朵花的内心，充满了惊喜与偶然。也许正是这种妙不可言的不确定性，让生物的爱情与萌动，皆有探索宿命般的乐趣。

不过并不是所有的生物都拥有这份浪漫。现存于世的植物里，一些植物没有"两性"的概念。它们通过细胞分裂进行生殖，看似"无欲无求"，只需要坚守自身的生物节律，就能够不断繁衍。

也难怪，当与其他生物体产生沟通的必要，自然多出了一些千回百转的寻找、一些小心翼翼地试探，甚至一些不知所起的误解。对于自然界来说，杂交，意味着耗费更多的时间，以及交配资源。

不过大自然似乎钟情于这种爱恨情仇的"麻烦"，大多数生物，最终还是进化出了性别的差异。

报春花也身在其中。

这种娇俏可人而又抱团生长的植物，不仅区分开了雌蕊和雄蕊，还几乎断绝了种群中自花授粉的途径。当植物学家们对不同的报春花进行拆解，发现它们的雌蕊和雄蕊长度不一，花朵的样貌也各不相同。当雄蕊高于雌蕊，为这些花朵传粉的昆虫在吸取花蜜时，便只有头部会碰到雄蕊，花粉则粘在这些昆虫的胸部。

因此，在昆虫继续采蜜的时候，这些花粉就会很难触及同样雄蕊较长的花朵的雌蕊，而是更容易传递给雌蕊较长的花朵。

报春花这种根据雄性和雌性性器官的位置呈现两种或三种不同形式花朵的现象，被植物学家称为"异形"或者"异质性"。

目睹这一切的达尔文，最终得出了自交有害、杂交有益的结论。

诚然，无论是植物还是动物，在与其他个体相互交配、繁衍后代的时刻，也走上了优化基因、避免自体基因产生缺陷的漫漫征程。报春花的花朵进化出不同的形式，像极了动物群体内部，某些出自本能，减少着近亲结婚概率的行为。生物繁衍的真相，总是比鲜艳夺目的花朵、情深意切的许诺，来得更加现实和残酷。

不知是不是上天的玩笑，最终领悟到这一点的达尔文，一生却饱受近亲结婚的困扰。达尔文的妻子，是他青梅竹马的表姐。那时，近亲结婚的危害并未普及，这对情深意笃的夫妇所生育的 10 个孩子中，竟有 3 个意外夭折。后人把这悲剧归咎于近亲结婚。无论事实如何，这位伟大的生物学家最终通过无言的植物，意识到了近亲繁殖的危险，填补了世人对于自然和自身的认知。

相比于动物，植物的繁衍方式要灵活得多。虽然异花授粉有着显而易见的优势，依然有大约 20% 的植物，坚定地选择了自花授粉。

每年 7 月至 8 月，横断山脉的雨水和热量会同时到来。这是地球上非常年轻的山脉之一。在这里，山峦的褶皱遍布大地，漫长的山脊两侧，山谷中的奇花异卉仰望着圣洁的雪峰。由于长年

累月的地理阻隔，横断山脉中生活着很多
较为原始的动植物种类。

夏季，一些低矮的草丛中，星星点点
的紫色弥漫开来——蓝紫色，属于绝大多
数高原花卉的颜色，这种接近天空的色彩，
深邃、浪漫而又纯粹。对于高原植物来说，
这有利于它们反射掉多余的紫外线，从而
达到对自身的保护。

无柄象牙参也拥有深紫色的花朵。

每年夏季，这种生长在温带高海拔地
区的姜科植物，都会开出色彩不输报春花
的艳丽花朵。不过，中国科学院西双版纳
热带植物园的导师李庆军专家和博士生张
志强却发现，尽管花开得灿烂，无柄象牙
参却没有昆虫问津。更奇怪的是，这种植
物的坐果率还非常高。

观察到无柄象牙参的"交配"过程后，
一切都释然眼前——在这种植物开花的过程
中，它们的柱头会逐渐主动地弯曲到花粉囊
的位置。这样，无须假借昆虫或风力，无柄
象牙参的花朵，可以自行完成繁衍的重任。

而无柄象牙参生活的环境，或许可以
解释它们选择自花授粉的原因。这种花的

花期，与横断山脉雨季高峰期恰好重叠，非常有可能因此导致了花粉的稀少。此外，科学家并不能确定，无柄象牙参是否曾经在喜马拉雅地区有过互利共生的传粉者——至少，在如今的生态状况下，这种植物已经对昆虫基本上不抱有任何希望。

巍峨耸峙的高山，空气稀薄，全年整体气温较低，会给植物的生长造成重重困难。在这样的条件下，为了规避风险，无柄象牙参选择了成本最低的繁育方式，也就是自花授粉。无须伴侣、无须媒介，这样的传粉，至少保证了受精卵的数量。

植物的爱情，在不曾拥有足够资本的时候，也会拥有诸多权宜之计。不过一旦时机成熟，植物更乐于在追爱的道路上一往无前。繁衍，是埋藏在生物本能中的渴求。在周而复始的爱恋与交合中，大自然创造着最绚丽的色彩、最精巧的设计，以及最浪漫的情意。如果植物也懂得爱情，它们的故事，一定从某一场春风中的相遇开始。

贝叶棕·越克制，越热烈

几年前的秋天傍晚，刚刚去西双版纳出差的同事，带回几截枯瘦的叶片，以及一根雕刻精良的"木棒"。木棒顶端，是一小粒尖锐的金属。叶片裁成规规整整的四方形，上面用炭笔划出了等宽的横线，一端留有整齐的圆形小孔。

我对傣族的贝叶经早有耳闻，很快醒悟过来，按照傣族传统的方式，应当用木棍顶端的金属"笔尖"在叶片制成的"纸"上书写。叶片一端的小孔，则可以用来将多张叶子装订成册。

有时候，人对于植物的情感，并不仅仅来源于植物的形态本身，而是对这种植物出现的场景、发生的故事，产生了具有自我暗示的重构与幻想。此时，贝叶那粗粝而又古朴的质感，映照着傍晚的沉沉暮色，使我的想象力直达湿热空气里的竹楼，以及弥漫着蕉叶与鸡蛋花芬芳的空气。于是，手中干枯的叶片那种带有一丝朽木与灰尘的气味，竟让人忽觉些许感动。

"城北不远有多罗树林,周三十余里,其叶长广,其色光润,诸国书写,莫不采用。"

——玄奘法师《大唐西域记》

　　多年以前，西行取经的玄奘法师在今天属于南印度境内的恭建那补罗国，记下了这种名为多罗或贝多罗的树木。这个名字，来源于梵语"树叶"的音译，正是今天所说的贝叶棕。贝叶棕的故乡，在常年温热潮湿的南亚斯里兰卡、印度等地。在西域诸国，贝叶棕的叶片，从很早开始就被当作纸张，用以记载各类文献。

　　贝叶棕的叶片，曾经承载过林林总总的文字。历史、文学、律法、医药……事关人类社会体系中的一切，似乎贝叶棕都不曾缺席。但是，我始终认为，无论记载过多么繁杂的知识，贝叶的高光时刻，还是它写满佛经的那一刻。

　　那一刻，不知道是佛教选择了贝叶，还是贝叶选择了佛教。这种生性隐忍的植物，灵光乍现，走进了持戒修心的佛国世界。

　　贝叶棕并非无欲无求。自然界的植物，

无不以繁衍生息为头等大事。但是对于贝叶棕来说，极端克制的爱，才是属于它的终极浪漫。

贝叶棕的生长，有一种心无旁骛的力量。笔直的树干毫无枝杈。看上去健硕而充满向上的希望。贝叶棕只在树冠长满硕大的叶片。不开花的贝叶棕，远远看去，就像海滩上的椰子树。

不过一旦开花，贝叶棕的树冠上，就映照出了万千繁华。

贝叶棕的花序，远看像绚丽的烟花。圆锥形的花苞形如竹笋，直指天际。及至开花，千万花序会从花苞的中心四散垂挂，数不胜数的乳白色花朵摇曳空中，招摇而又烂漫。与此同时，贝叶棕原先油亮碧绿的叶片，会日渐枯黄，失去生命。

这是贝叶棕留给世界最后的一幕。开花后的贝叶棕，会留下自己的果实，随即死去。一棵贝叶棕，从出生到这场轰轰烈烈的迟暮之恋，往往需要 50 年，甚至更长的时间。

贝叶棕开花，就像佛祖拈花一笑，何其有幸，才得一见。

植物开花的机制，早已经有植物学家做过细致的研究。从微观角度看，植物从生长到开花，就像人从孩提进入青春期。与人类的少男少女相似，植物的性成熟，也伴随着一系列美妙的转变。从开花到传粉，世间的每一朵花，似乎都在开放之前，酝酿过无数隐秘的柔情。

植物何时开花，是多个基因的相互作用的结果。科学家在一些植物体内发现了一种名叫"成花素"物质。它以蛋白分子的形态被运输到茎尖，诱导植物开花。这些物质的传导，受到光照等多重外界条件的深刻影响。但是，成花素在多长时间的光照下能

够刺激植物开花，需要什么样的光照的条件，并不固定。因此，有些植物一年当中能够多次开花，有些一年只开一次花。

科学家对于影响植物开花的物质，已经苦苦追寻了多年。成花素的发现，对植物的开花次数为何有如此大的差异这一问题，有了初步的解释。大部分植物，都像是按部就班结婚生子一样，一个生活周期之内，只开一次花；还有一些植物，精力更为旺盛。在温度合适的季节，它们会接连不断地开花。

从这个角度看，贝叶棕就在植物朋友们当中，绝对是一个看上去了无生趣的"闷葫芦"。像贝叶棕这样一生只开一次花的植物并不多，从人类的角度看，它们的生命极具仪式感，就像是在苦等一场至死方休的爱。

植物学家们并没有完全用科学解答贝叶棕的浪漫。但是，人们发现，一些多年生的植物，同样选择了一生只开一次花。草本的绿绒蒿，生长在氧气稀缺的高原。在满目荒凉的旷野里，它默默积蓄着能量，哪怕是长出了花苞，也只有等到光照和温度合适的时机，方才绽放出令人惊艳的花朵。

世间所有的等待，都是在以时间换取未来。深藏在等待者心中的，是另一个无怨无悔的瞬间。贝叶棕不像草本的绿绒蒿，身量矮小，成长也变得容易些许；它也不像禾本科的竹子，在不开花的日子里，还可以借助竹鞭，漫山遍野地扩张领地。贝叶棕就那样孤独而又坚定地站在湿热躁动的空气里，内心丰盈，顶天立地。如果用人类的视角揣度贝叶棕的想法，那定是为了在"寸土寸金"的热带雨林中，找到最适合繁衍的时机。为了这个时机，贝叶棕可以等待好几十年，也不惜用自身的消亡，换取下一代的生长空间。

贝叶棕是跟随佛经来到中国的。在高耸着佛塔的西双版纳，贝叶同样记录下了傣族的文化密码。

我曾经在一个盛夏到访西双版纳。在灼烧的烈日里，花果的香气变得明媚而清晰。在热带地区，植物需要尤其宽大的叶片，才能尽可能地采集阳光和雨露。因此，树叶常常衍生出超出人们想象的使用方式。世代居住在西双版纳的傣族猎人，甚至可以迅速用芭蕉叶做出简易的帐篷和衣物。在林间溪畔星罗棋布的竹楼上，傣式烧烤是必不可少的美味——丰盛的肉类和蔬菜，经过炙烤，色泽金黄，令人垂涎。烤好的食物，全部以芭蕉叶垫底，盛放在直径1米多的大竹筛上。一口咬下，辛辣脆嫩，瞬间消解了连日的暑热。

热带雨林拥有一种饱满的张力。在这里，一切都变得活色生香。不过，也正是在目不暇接的色彩中，贝叶棕的沉稳自持，才让人愈加肃然起敬。

在西双版纳，有很多关于贝叶经的传说。有人说，贝叶的使用，是一位远行的年轻人为了在野外和心爱的姑娘通信，偶然间发现的。也有人说，它是当年帕召从天上来到人间讲经时，傣族先祖所用的记录工具。

一片贝叶，从树叶到纸张，要经过一系列复杂的制作程序。人们把贝叶裁成一尺余长、四寸左右宽的方块，成捆成捆地投入沸水。水中加入酸角或柠檬后，贝叶中的淀粉和糖分就能逐渐析出，让叶片不易腐蚀，颜色也渐渐发白。煮好的贝叶，用河边的细砂打磨、晾晒、压平，成为可以书写的纸张。

在贝叶上书写的笔墨也有讲究。笔大多数使用的是云南石梓制作的木笔，内部包裹着铁质的笔芯。笔尖在贝叶上刻写出痕迹，再用植物果油搅拌锅墨，涂抹在痕迹上，擦出表面部分，已经刻写的痕迹中，便留下了墨迹。

在西双版纳，傣文南传贝叶经，据称有四万八千部之多。而其他的贝叶文献，涵盖了人们能够想象到的方方面面，甚至发展出了天文历法、数学、军事、美学等多个独立学科。

贝叶经上记录的民间文学和诗歌不少，其中不乏关于爱情的记录。佛经里说："凡一切相，皆为虚妄。"在生物本能的生长欲被夸张到极致的热带雨林，贝叶棕的开花与死亡，就像一场惊鸿一瞬的爱情，心花开遍，却又在极致的缠绵中迅速归于寂灭。但是对于贝叶棕来说，以这样的方式留下果实，恰恰是生命临别时，一场必不可少的仪式。当大多数生物用眼泪和悲伤面对死亡，一棵贝叶棕的离去，却装饰着繁花似锦，孕育着重生的喜悦与满足。当花朵开满树梢，贝叶棕的生命，无悲无喜，了无挂碍。

巨魔芋·"臭味相投"，方得始终

在人类的新奇体验里，气味带来的刺激，远不比一场身体力行的冒险来得少。

在每一场关于气味的探索中，感官小心翼翼地蜷缩在器官里，似蛇行于幽暗的甬道，期待未知的重逢。

有的时候，人的嗅觉会带来许多具象的画面。譬如槐花香里自行车骑过小巷，铃声响动的童年；譬如炉火新温，亲友围坐，屋舍中又添了团聚的滋味。

不同于大多数被人类所广泛喜爱的植物，巨魔芋从诞生起，就散发着鬼魅的气息。

它是小说《鬼吹灯》里尸香魔芋的原型。在小说里，这种妖艳无双的花朵，能够散发诡异的清香，扰人心智，令人互相残杀。

现实中的巨魔芋并没有清香，只有令人闻之不忘的臭味。

2022 年 7 月，中国国家植物园。在距离巨魔芋故乡苏门答腊

岛千里之遥的北京，3 株巨魔芋正在缓慢地打开它们的花朵。在人工移栽技术的发展下，这种巨大花朵散发出的臭味，以其世间罕见的稀有程度，反而超越许多种奇异的香气，演变成夏日的植物园里一场盛大的狂欢。

巨魔芋花朵在植物园中引发的盛况，并不是第一次出现。

1889 年，人们在英国邱园中第一次见到了这种造型奇异的花朵。1878 年，它的种子被意大利植物学家贝卡里在苏门答腊岛采集到。在意大利佛罗伦萨与英国邱园，这位来自遥远热带雨林的稀客，沉寂了长达 10 年的时间，才肯向人类吐露真心。此后，在长达 100 多年人工栽培的时间里，巨魔芋在全球的开花记录，也只有 100 来次。在中国，巨魔芋开花的记录，一共只有 5 次。

如此稀有的花开一度，难怪能让人类放弃自古以来对于"香味"的美好体验，心甘情愿地为这铺天盖地的臭味守护多年。

巨魔芋的花朵，也确实没有辜负人类的陪伴。作为植物园中相貌奇特的成员，巨魔芋的花朵从来都是重磅选手。它的世界，霸道、张扬，仿佛一切偏爱都理所当然。几乎可比一层楼高的花序，骄傲地张扬着自己的存在。雌花和雄花密密麻麻地排列在花序周围，等待着传粉结果的美妙瞬间。

一株巨魔芋，一生只开 3 至 4 次花，每一朵花，大概只持续 48 小时的开放时间。在如此短暂的时光里，巨魔芋一生所有的有性繁殖，惊鸿一瞬，便要归于寂灭。

巨魔芋的一生，选中了最绚烂的开头，也不畏最深刻的无常。面对不可阻挡的消亡，巨魔芋一旦开花，就是一场不醉不归的狂欢。作为热带雨林里品味怪异的"调香师"，巨魔芋能够调动所有的感官，寻求授粉昆虫的关注。巨魔芋花朵的气味，含有 100 多种化学物质，其中的主要成分硫

化物和碳氢化合物，散发出尸臭一般的气味。在化学分析下，这种臭味，包含了类似死老鼠尸体的臭味和蒜的味道。对于人类来说，除非想要猎奇，这种气味简直令人作呕。但是这种气味，对于食腐苍蝇、埋葬甲等食腐昆虫，却有致命的吸引力。

为了争夺爱与繁衍的机会，巨魔芋的策略虽然略显得不那么漂亮，但是却非常管用——就在大多数植物散发香味，争取蜜蜂和蝴蝶传粉的时候，巨魔芋反其道而行之，将目光对准了喜欢臭味的食腐昆虫，并且在漫长的进化中，开始精准地投其所好。

巨魔芋真正的花朵，并不是肉眼可以看见的佛焰苞，而是隐藏在佛焰苞的底部。

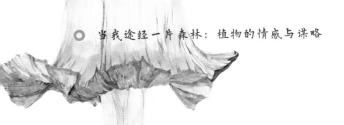

在中国国家植物园，科学家通过技术手段，拍摄到了正在产生花粉的雄花。为了防止自花授粉、近亲繁殖，巨魔芋进化出了雌花与雄花分批开花的守则。雌花的开放，通常相比于雄花早 1 至 2 天。即使花开时间短暂，巨魔芋的爱情，依然没有丝毫逾矩，清醒而又克制。

巨魔芋将细小的花朵隐藏得如此之深，却为了收获爱情，设计出了巨大的诱饵。假如穿行在充斥着巨物的热带雨林，巨魔芋那华贵斗篷一般、内里遍布着肉红色褶皱的佛焰苞，一定不比弥漫在林间的腐尸气息难于辨认。巨大的佛焰苞，惟妙惟肖地模仿着腐肉的色彩和外形。除此之外，巨魔芋一开花，就会开始升高自己的"体温"，让自己达到 36 摄氏度左右的温度，以便让气味更加快速地发散到各处，向各路食腐动物发出邀约。不仅如此，巨魔芋还能够控制自己的散热时长。冷热相间的温度，形成一种向上的对流拉力，将气味从植物底部拉到空中。

　　于是，穿越茂密的树冠，巨魔芋在弥漫着湿气和虫鸣的雨林，身形肥大，奇臭无比，将自己打造成为天然悬垂在雨林中的一大块腐肉，令食腐昆虫们垂涎欲滴。

　　不是所有的花朵都经历美丽与芬芳。雨林中的巨魔芋和食腐昆虫，用人类不可想像地方式，踏上了各自追逐爱与食物的旅程。

　　不过在这场较量里，巨魔芋还是棋高一着。它费尽心思，却并不能为食腐昆虫提供食物。巨魔芋真正的花朵，躲在巨型佛焰苞的底部。食腐昆虫循着气味而来，却在寻找中空欢喜一场，随后带着巨魔芋的花粉悻悻离开。在这场角力中，巨魔芋的爱最终获得了压倒性的胜利。

　　雨林中的植物，通常依靠巨大的体形争取资源。刚刚发芽的巨魔芋，需要在 3 个月左右的时间里，从一棵小小的草本嫩芽，长出一棵参天大树的样态。作为一棵草本植物，巨魔芋将叶柄中的组织结构变为轻巧而结实的蜂窝状，叶柄的表皮上布满诡异的花纹。这是巨魔芋模仿毒蛇，恐吓动物以防止受到伤害的方式。

　　绞尽脑汁的巨魔芋，终于在雨林中赢得了一席之地。不过为了将精力放在如何迅速生长上，巨魔芋常常无暇顾及情爱。自然条件下的巨魔芋，花龄在 150 年左右，几十年才能开一次花。如此说来，巨魔芋经历一段爱情，有可能需要耗费人类的一生。不过，也许是足够长时间的等待，才让巨魔芋另类的、散发着尸臭的爱意，在讨厌臭味的人类园林中，竟也变得如此珍贵。

合欢·一席诗酒相见欢

象潟雨如丝
欲眠西子颦蛾黛
戚戚合欢花

象潟绰约姿
雨里合欢花带愁
婀娜似西施

——【日】松尾芭蕉

　　我想，许多年以前，伫立在合欢花下的诗人，一定从它细碎的叶片与花朵中，感受到了人世间的片刻柔软。

　　人类的情感，纤弱如暂居世间的花朵。

譬如《红楼梦》里愁肠百结的黛玉，与大家一同持螯赏菊，因蟹性寒凉，心口疼痛，宝玉便急急忙忙地命人烫了合欢花浸的酒送来——相隔好几百年的文字，还能让人感受到心上人之间的多情看顾。

或许那时的合欢已经充满了隐喻含义。宝黛二人身后，风刀霜剑的命运之幕正在缓缓降临。大厦将倾之下，一片沉重到令人窒息的肃杀之气昭然若揭。菊花丛中那壶浸满了合欢花香的热酒，在未来所有难以逃避的死亡与悲苦里，终究加进了一点糖。

故事中的一切，就像合欢花那绒球一般的花朵，美好而又脆弱。

怪不得诗人纳兰性德在回忆起旧日恋人的时候，也同样回忆起了合欢花。

> 惆怅彩云飞，碧落知何许。
> 不见合欢花，空倚相思树。
>
> ——【清】纳兰性德
> 《生查子·惆怅彩云飞》

多少年过去，庭前的彩云和细雨，像人间万事一样聚了又散，许多裹挟着年少情感的故事，都曾这样在记忆中留下云雾一样的湿润。合欢花开满枝丫的时候，远观朦胧一片。它那粉红或嫩黄的花朵、碧绿而细碎的叶片，一旦连接成片，浓淡深浅，花影重叠，便很难描述出具体的色彩和形状，而是温柔地裹住了赏花人的视线。因此，每一段有关合欢花开的记忆，也同样

被包裹在了蓬松而柔软的团块状花影里，细致、熨帖、不声不响，又过目不忘。

北京崇效寺，曾经拥有这座城市里最古老的一棵合欢花树。遥想当年，僧堂寂寂无声，粗壮的合欢花一年一度娇艳如许。一墙之隔的院外，就是车水马龙的街市。合欢花从不拒绝闹市。它在中国城市中的种植历史长达好几百年，早已是人人熟识的行道树。然而，哪怕崇效寺中传说已有合抱之粗的合欢花树，寿命也才不过 50 余年。

谁能想到，合欢花与人间烟火的相伴，看似长久而美满，却常常只有乍见之欢。

在自然界，合欢花的寿命不见得很长。与动辄数百上千岁的古木不同，合欢花树看似粗壮而高大，却往往不比人类的寿命更长。据说合欢花树的植株，容易受到一种真菌的感染，因此通常不能种在草坪中央，以免枯萎而死。

对于城市中的合欢花来说，成活、生长，直到枝繁叶茂、花开满枝，其实并不容易。然而合欢花的美，看似柔弱，却总有一种难以言说的力量。它似乎从不畏惧生命中的衰老与死亡，总是在每一个初夏，用最灿烂的方式迎接又一年的暖阳。

细究这种力量的来源，或许要从一朵合欢花的爱情开始。

合欢的花朵，不同于大多数植物的花朵，让片片花瓣簇拥在一起，像舞会上的裙摆一样摇曳生姿。合欢花的朦胧之美，源自它向四周伸展出的细长的淡红色花丝。这些细丝状的结构，让古代西方人认为蚕丝产于其上，因而又将合欢花命名为"丝树"。

由白至红的渐变色花丝，并不是合欢花的花瓣，而是它的雄蕊。花丝存在的意义，是将花药高高举起，让传粉变得更加容易。

花朵的世界里，并没有如此曲折婉转的情思。哪怕像合欢花这样被人类赋予了无限诗意的花朵，为自己所做的一切，最终目的还是为了传宗接代。从合欢花自己的角度看，每一次开花，都是一场大胆而

直白的集体示爱。无数花丝向四面八方毫无顾忌地舒展开来，每一根都努力迎着风，托举着自己的花药，用只有草木能听懂的语言喊道："来啊！看我多么健壮！请和我一起共筑爱巢，繁衍后代吧！"

随着这场轰轰烈烈的群体表白，合欢花的雄蕊迎来了比拼荷尔蒙的喧嚣时刻。与此同时，每一朵花中的雌蕊，正静悄悄地等待着"媒人"的到来——在一朵合欢花中，真正能称为"花"的部分毫不起眼。其貌不扬的绿色花瓣包裹着雌蕊，静悄悄地躲藏在花序的底端，等一场风或者一只昆虫，带来足以孕育生命的花粉。

初夏的暖风中，合欢花进行着盛大的集体婚礼。

和人类一样，并不是每一朵合欢花的

婚事都令人满意。不过在合欢花的世界里，这并不值得气馁。让一些花朵保持"单身"，是合欢花祖传的策略。

合欢花的花序是一个设计精妙的整体。在一个花序当中，围绕同一个轴心，许多花朵有序地排列在一起。因此，合欢花的一个绒球中，包含了许多花朵。和人类社会中有人成为不婚主义者一样，合欢花花序中的花朵，有一些被植物学家称为"雌雄花"的个体，其中的雌花，并不具备繁育后代的能力。这样的"家族传统"，是合欢花为了增加传粉概率所做出的努力。这样，合欢花中，雄蕊就像一个不折不扣的"机会主义者"，只负责"浪迹花丛"，提供花粉，而繁育果实的营养，全都来自雌蕊。因此，一株合欢花树要尽量保守地将营养集中在某一些雌蕊中，以尽量保证"优生优育"，提升结出果实的质量。

长年累月的进化选择，已经让合欢花懂得了避免近亲结婚的道理。虽然同一株合欢花当中，既有雄蕊，又有雌蕊，却拥有自交不亲和的属性。同一棵植株的花朵之间，并不能相互授粉。夏秋，合欢花的爱情有了结晶。在高大的枝头，一个个豆荚迎风摇曳。在合欢花树上，果实的数量远远比花朵要少——这正是单身主义雌花存在的结果。也正因为如此，合欢花得以为每一颗种子尽心尽力地提供最好的生长环境和营养。带着这些养分，合欢花的种子在落地以后，将开启新的生命旅程。它们的种皮非常硬实，不易透水，就像盔甲一样，即将保护合欢花的小"婴儿"在即将到来的寒冬，进行漫长的休眠。直到时机成熟，新的合欢花幼苗才会破土而出，投入新一轮的生长。

年复一年，合欢花用生命的轮回，创造了一个秩序井然的花朵社会。在这个微型的"社会"中，所有花朵都遵照规则，生长繁衍。每一朵花，都拥有自己的爱情，或者保持单身的选择。

不仅如此，合欢花那羽毛一样的叶片，因为对光照和热度极为敏感，每到夜晚，必然像含羞草一样静静地合拢在一起。古人因为这样地特性，将合欢花称为"夜合"。或许是这令人惊奇的生物钟，日日年年，矢志不渝，激发了人类对于恒久爱意的渴慕，合欢花一直被当作美满情谊的象征。赠人一枝合欢花，便是在含蓄地表达消解怨怼、重归于好的意思。在现代科学的研究中，合欢花入药，也的确可以起到缓解抑郁和焦虑的作用。

从某种角度上看，合欢花织就的绯云漫漫，就像它在广阔自然中写下的一封情书，温柔缱绻，爱意绵绵。氤氲的香气里，那壶数百年前就用合欢花浸泡好的美酒温热如初。又是一年初夏，合欢执着地等待花朵与花朵的邂逅，就像等待一首诗写到终章，等待有缘人终究会在世间重逢。

 可可树·那么苦，那么甜

"若天堂没有巧克力，那我宁愿不去。"

——【新西兰】简·西布鲁克

什么样的词语，能用来形容吃下一块巧克力的感受呢？

从初识的甜蜜，到在舌尖化开时微微的酸苦，再到沁满整个口腔的醇厚，这份令人满足的香气，渐渐使人迷醉，直至进入脑海，在心底开出一朵绚烂的烟花。

在那一刻，巧克力集中了全世界的美好。

或许，也只有爱情能与之匹敌了吧。

没有人确切地知道，巧克力是在什么契机下，与爱情产生了如此强烈的关联。最初的最初，诞生巧克力的可可树，就像上天赐予人类的一种信仰。

饱满的形状和香味，促使人类在3000多年前就注意到了它。

那时候，可可树还不叫可可树，巧克力也尚与爱情无关。这些手掌大小的橄榄形果实，拥有肥厚的外壳，鼓胀欲裂，从颜色

到气味，都洋溢着来自南美洲的温暖气息。当人类打开这层外壳，就像打开了来自上苍的礼物。可可果实的内部，椭圆形的种子整齐成列，蜷缩在白色油脂状的果肉中间，隐藏着一个此后数千年间，填补了人类无限想象空间的小宇宙。

公元前 1500 年，美洲中部。和 3000 多年后，今天的墨西哥、危地马拉、洪都拉斯等地一样，这个布满火山、谷地与丛林的区域，在靠近南部的地方，分布着连绵不断的高地峡谷；北部则铺陈着大片的低地平原。雨季，连绵不断的雨水会把平原上的湖泊连接成片。在火山余烬形成的肥沃土壤下，玛雅文明发展到了今人难以想象的程度。

废墟，人类文明的第二张面庞。寂静中高耸的金字塔形祭台上，一场又一场宏大的祭典曾经上演。精确的太阳历法被记录下来。充满神话色彩的象形文字，被雕刻在神庙的巨石上、墓室的四壁上、贝壳器具上，并且描画在皮革上，随着数百年间的商贸之路，传播到了世界各地。

作为人类已完全破译的古文字之一，玛雅文字就像一幅幅充满想象力的图案，这种文字中的可可豆，从被创造出来开始，就拥有一张朴拙而神秘的面孔。

早在玛雅文明诞生的几百年前，同样存在于中美洲的奥尔梅克文明，就已经开始种植可可树，并且品尝到了它香醇的果实。

一开始的可可饮料并不甜。巧克力的名字，来自一门古老的语言。它的原意是"苦水"或"苦味饮料"。当时的人们，将研磨过后的可可豆与辣椒、玉米同饮。这种散发着奇异香辛味道的饮

品原料，在玛雅人看来，取自神灵的恩赐。在学会用可可冲泡饮用后，可可饮料迅速成了玛雅文化中的高端饮品。

一个生活在距今两三千年前的玛雅人，人生大事中一定少不了关于可可豆的记忆。从出生时的洗礼仪式，到婚礼必备的饮品。可可那令人放松且满足的香气，带着它特有的温馨与松弛，缠绕在玛雅人生活的每一个角落。在当时的美洲文明中，可可豆甚至成了通用货币的一种。

与古老文明相伴的日子里，可可豆和饮用它的人类都未曾预料，此后数千年，这种见证和陪伴伟大文明发展的植物，将要展开一场人类味觉系统的革命。

当西班牙人踏上中美洲的土地，在玛雅人生活中扮演着重要角色的可可树，一定很快进入了殖民者们的视线。1585 年，在一艘商船上，可可豆被带回西班牙，并且呈送给了王室。然而，未经改良的可可饮料，味道极为苦涩。在很长一段时间内，可可并没有引起过多的关注，直到西班牙人对可可的配方进行了改良。

糖，肉桂，丁香，欧芹，杏仁，榛子，香草，菊花水，干咖啡豆……

这份美味配方，是可可豆漂洋过海之后遇到的第一剂良方。被改良的可可饮料，最终成了大受欢迎的甜味饮料。

也是在那时，可可豆成了欧洲餐桌上的明星。在随后的数百年间，可可饮料的味道一点一点地褪去原先的苦涩辛辣。1819 年，瑞士莱蒙湖畔开设了全瑞士第一家巧克力工厂，生产出了人类历史上的第一块固体巧克力。不到 10 年的时间，人类又发明了螺旋压力机，从而第一次将可可脂从可可豆中分离出来。让可可豆磨成的糊状物更加光滑，更容易和糖混合。

就这样，在人类的舌尖上，可可豆和甜蜜的糖、顺滑的牛奶，逐渐结为不可分离的整体。有人说，是因为西班牙公主曾将可可豆作为订婚礼物；也有人说，是可可豆天生就带有催情的功效。不管怎样，随着带给人类的味觉体验变得愈发香软丝滑，可可豆也从高大的神台走下，悄然变成商业时代爱情的象征。

相比于可可豆，如何拥有一棵可可树，是个难度更大的问题。因此，可可豆的东方之旅开始得很晚。据说，直到 18 世纪，康熙帝才第一次品尝到了可可饮料的味道；可可饮料在中国流行起来，还要等上 100 多年时间。

无论如何，这种甜甜腻腻的饮品，最终还是凭借它给人类创造的味觉快感，俘获了许多人的心。如今每年的西方情人节，巧克力的香气还是会萦回在暧昧或热烈的空气里，为人类的爱情加上一层甜蜜的滤镜。

尽管见多了人类的爱情，可可树依然保持着自己独特的"爱情观"。可可树的花朵，拥有纯白细瘦的花瓣，吐出嫩黄的花蕊，看起来娇柔、弱小、楚楚可怜。与寻常所见开在幼枝末端的花朵不同，可可树的花，绽放在粗壮的树干上。

老树生花，这是许多热带植物共有的特征。这些生长在热带的植物，因为面临激烈的竞争，所以选择了最快速的方式，让花朵获得昆虫的充分眷顾，并且将养分传递给花朵和果实。可可树的树高并不醒目，在高手林立的热带雨林中，可可树动用上层的枝叶，层层庇荫，守护着自己的爱情。唯有如此，才能尽快获得授粉的机会，繁衍后代。

尽管如此，身处丛林的可可树依然处境艰难。和许多植物一样，同一株可可树的花朵之间，有着近亲繁殖的禁忌。也许正是因为如此，让花朵集中开在较低层的树干上，通过"速配"繁衍后代，是可可树等热带植物获取"爱情"最便捷的方式。

在今天的海南万宁兴隆热带植物园，可可树蔚然成荫。这里是中国为数不多的可可树适种区域之一。在这里成熟的可可豆，与全世界所有的可可豆一样，要经过一系列复杂的加工流程，才能成为包装精美的巧克力，送到每一个期待甜蜜的人手中。从周遭生物虎视眈眈的热带丛林，到灯火可亲的人类社会，爱与美食，在可可树的世界里从未缺席。

伍·变形记

一片自然风景，是一
个心灵的境界。

——【瑞士】阿米尔

冯唐说："在花里，在野里，喝杯茶，不拜君王只拜花。"

植物的美，从一开始就占据了人类的视野。

在清风拂面的山野里，人类不得不叹服于植物的一岁一枯荣。从出生到死亡，植物时而以破土而出的坚韧打动世人，时而将灼灼繁花铺满庭院，时而用枯瘦枝干刻画出深深禅意，更别提入馔入画，创造出无数经典而永恒的瞬间。

人类的历史，有关植物的故事太多。有人一日看尽长安花，花间是人生得意，年少踌躇；有人过春风十里，尽荠麦青青，茫茫烟草里，是命数兴衰，繁华过眼。草木在人类的世界里找到了认同，便仿佛也有了喜怒悲欢，承载了人心深处那一点无处诉说的甜蜜与哀愁。

　　从第一枝被人类赋予美学意味的花朵开始，植物的美，就被营造出了层出不穷的意境。植物的美是流动的。它们就像长久陪伴在人类生活中的精灵，用无声的智慧抗衡上天安排的一切，恣意且从容。而人类存在于这个世界的时间尚短，不过是植物的后辈。从这个角度上看，得以在同一个星球上用这种方式与植物相伴，人类何其有幸。

　　当植物之于智慧的隐喻走向极致，宗教的经卷便也生动起来。佛经中最经典的刹那，莫过于佛祖拈花，迦叶微笑。性灵的顿悟，从一朵花开始，入眼入心，绽放于万千世界。在《圣经》的讲述中，夏娃的"觉醒"，让甜美多汁的苹果在漫长的时间里，充满了诱惑的含义。在罗马，复活节后的第 50 日，被称为"五旬节"，这一天，万神殿凿空的穹顶，会降下无数玫瑰花瓣。这个古老的仪式，一直持续到今天。当鲜红娇嫩的花瓣在厚重石墙的映衬下纷纷坠地，仿佛神界地唱颂响彻云霄。这一刻，想哭、想笑，都不重要，花朵之于人类的意义，早已开启了神性的空间。

　　世间万物，人类似乎对植物情有独钟。而植物的美感何其精妙，在人们从微观视角剖析一朵花、一片叶的时候，才变得愈发分明。

　　植物之美，首先是数字之美。

　　地球上大约有 50 万种植物，但分枝的方式只有 3 种：以桃、苹果为代表的合轴分枝；以丁香、石竹、茉莉等为代表的假二叉分枝；还有以松、银杏、杨、杉等植物为代表的单轴分枝。而在花朵的世界里，无论是单生花，还是由多朵花组成的伞房状、总状、穗状、圆锥状等各种形状的花序，都能寻找到它们的构成规律。甚至微观世界中的花粉、细胞的构造等，它们所展现出的视觉形态，也都蕴藏着丰富的美的形式和节奏。

$$F（n）= F（n-1）+ F（n-2）$$
$$(n \geqslant 2, F[1]=1, F[2]=1)$$

这是著名的斐波那契数列，通过计算，可以得到一串数字。

1、1、2、3、5、8、13、21、34、55、89……

从第3项开始，每个数字都是前2项数之和，这些数字如果用数列中的每一个数字去除它后面的数字，数字越大，结果就越趋近于0.618，也就是黄金分割比例。在这个数列面前，植物就好像是天生的数学家和严谨的美学家。它们在排列生长的过程中，已将斐波那契数列运用得炉火纯青。

植物长粗和长高是同时进行的。英国T. W. 汤姆森爵士指出，如果一棵树始终保持幼年的粗细，那它终将会因自己的"细高个子"而翻倒。因此，一棵树在长高和长胖之间，选择了一个最佳比例——不出意外，也是黄金分割比例0.618。

而在向日葵的花朵中，斐波那契数列显得更为显眼——硕大的花盘中，向日葵的种子排列组成了两组相嵌在一起的螺旋线，一组是顺时针方向，一组是逆时针方向。这些螺旋线的数目虽然会有细微差别，但一般是34和55，55和89，89和144，其中，前一个数字是顺时针线数，后一个数字是逆时针线数，而且每组数字都是斐波那契数列中相邻的两个数。每个数除以前一个数，就会得到"黄金比例"的长宽比。

植物的枝条、叶子和花瓣都是从茎尖的分生组织依次分化而来的。新芽生长的方向与前面一个芽的方向不同，旋转了一个固定的角度。科学家通过车前草的叶序排列发现，这个角度最接近137.5度。

这个角度的奇特之处就在于，如果用黄金分割率0.618来划分360度的圆周，所得角度约等于222.5度，而整个圆周内，与 222.5 度角对应的外角就是 137.5 度。 所以 137.5 度角也是圆的黄金分割角，也叫作黄金角。

在这种情形下，植物的芽可以有更多的生长方向，占有尽可能多的空间。对于叶子，意味着尽可能多地获取阳光进行光合作用；对于花，意味着尽可能地展示自己吸引昆虫来传粉；而对于种子，则意味着尽可能密集地排列起来。在这一点上，为了更好地生存下去，植物绝对能治愈所有的"强迫症"。

也有一些植物做出怪异的举动——譬如让自己进化出与众不同的长相，或者拥有一些特异的举动。不过，植物应该是什么样子，并不取决于人类的判断和审美。每一种植物遵循规律，或者跳出大多数植物遵守的条条框框，都是为了想尽办法，奋力生存下去。植物塑造着人类的审美，也存活于人类的视线以外。

秩序，秩序，还是秩序……

当宇宙从洪荒之初醒来，新的秩序就在不断建立。秩序的美感，已经印刻在地球上所有生物的基因里。或许正是因为如此，植物的美因秩序而生，人类的审美，也因为天生爱好秩序，而停留在了植物身上。这么看来，人类欣赏植物，是亿万年前埋下的一场宿命与偿还——又或许，在宇宙深处，在无尽时空的某一个节点上，植物和人类曾经同根同源，约定永不分离。

山茶花·植物的悲剧美学

和你相遇，在这一个花期，或下一个花期。

云贵的风辗转吹过山巅与深谷，高原起伏不定的丘壑中，马帮的铃声年年岁岁，来了又回。再没有一片土地比云贵高原更适合花朵。在这里，似乎每一个村落、每一座城市、每一条繁华或幽静的街道，都被花朵包围。饱满的色彩填满一年四季的时光，让每一个走过这里的人，都能私藏一段与花朵有关的故事。

和云贵高原上的几乎所有集镇一样，大理白族自治州永平县，节日将至，总有鲜花为伴。正月初五，在时令上正值隆冬，但是群山中的永平，满是春之将至的气息。这一天是永平人的"卖花会"。每年此时，这个建在山间平坝的县城，每一个角落里都挤满鲜花。

卖花会最初是彝族人的节日，多民族混居的传统，已经让居住在县城里的人不分彼此，习惯于迎接这个热闹的年俗。色彩充

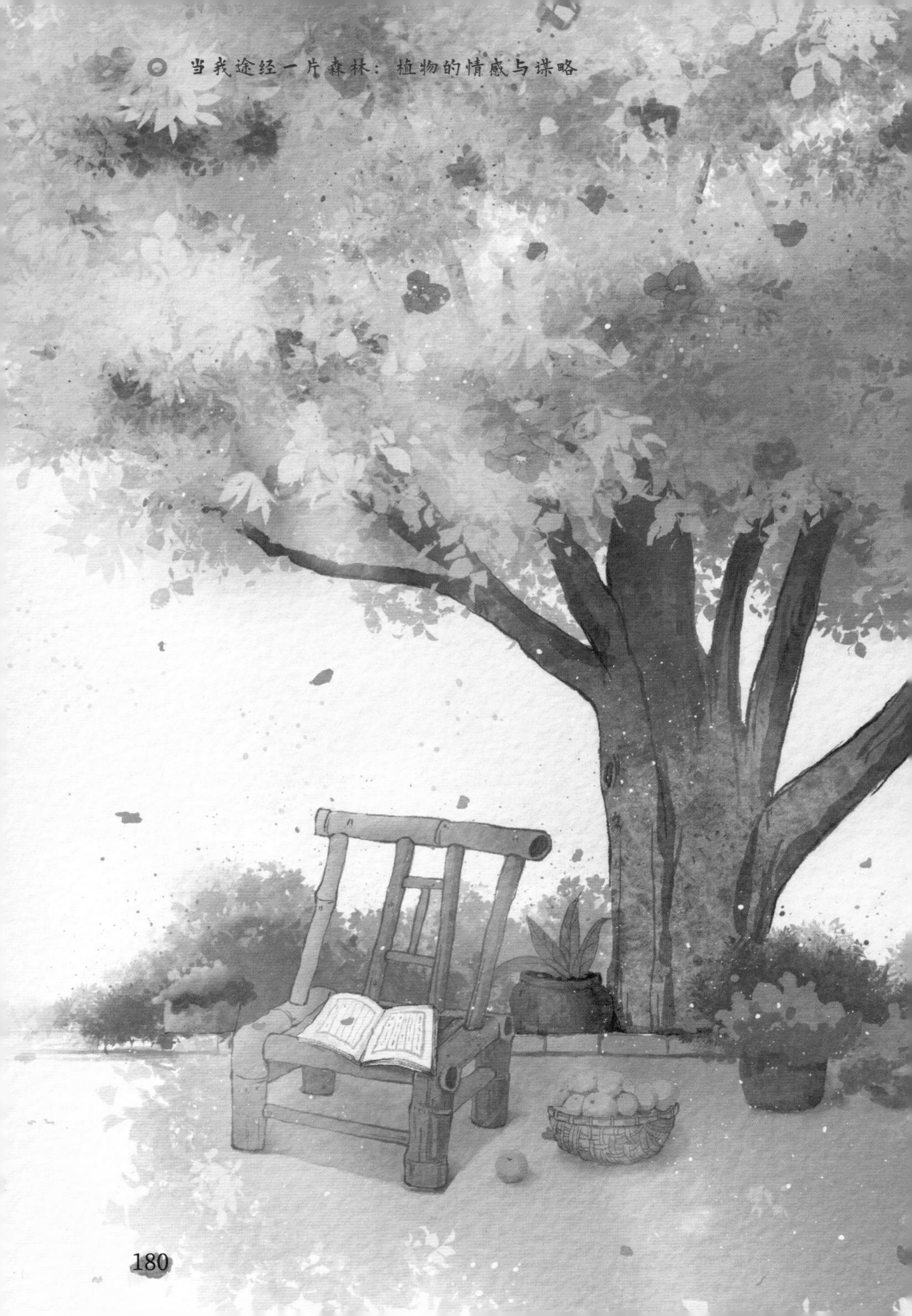

盈在石板铺就的老街上，冬无严寒的云南，即便是在一年中最冷的时刻，也并不孤寂。

永平县城周围环绕的群山，为当地人的生活提供了无限灵感。卖花会上的花种类很多，而山茶花是当地人在正月里最常见的花朵。在冬日暖阳照耀下的老街上，硕大的山茶花朵一出现，就成为整座城市的焦点。彝族人喜爱山茶花。这种终年常绿、秉性热烈的花朵，在数千年间与这个崇尚火焰、雄鹰和勇武之力的民族心意相通。在古老的彝族风俗中，山茶花曾是用以祭拜上苍、先祖和土地的圣花。彝族人与山茶花的长久对望，让这种植物最终以同样的热情，点燃了人们对于生活的炙热期许。

相比于被移植到城镇中来的山茶花，永平县周围群山中自由生长的山茶花更加壮观。在永平宝台山国家森林公园，一棵高达28米的野生滇山茶树，以将近10层楼的高度傲视群雄，被认为是全世界迄今发现最高的野生滇山茶树。在它周围，高矮不一的山茶，布满整个山谷。每年从隆冬一直到初夏，大如碗口的山茶花层出不穷地开放又凋落。深深浅浅的红色明艳而又华贵。原本僻静的山谷，伴随山茶的开落，就像铺设着十里红装，遍地锦缎。

唐代《酉阳杂俎》曰："山茶叶似茶树，高者丈余，花大盈寸，色如绯，十二月开。"山茶是茶树的近亲，且在分类上同属山茶科山茶属，叶片和植株形态都很相似。山茶花的花瓣排布，观之极为舒适，它们的花瓣有着美丽的弧度，每一层花瓣，都与上一层巧妙地错开一定角度，就好像经过了精密的测量和设计。山茶花的色彩千变万化。一朵标准的山茶花，以红色单瓣为正，雄蕊数枚，外轮花丝基部连生，聚为筒状。除了正红，山茶花家族还拥有色泽缤纷的衣裙。从淡雅至极的纯白，到娇艳欲滴的淡粉，更不消说还有各种看似随机组合而又创意十足的纹样。论花色和形态，山茶花堪称植物界的设计大师。

有幸观赏到山茶花的不同品种，就像欣赏了一场植物界的时装大秀。明朝王象晋编写的《群芳谱》中，记载了鹤顶茶、玛瑙茶、宝珠茶等不同品种。其中，宝珠茶的重重花瓣聚集在一起，甚至遮住了黄色的花蕊，就像一个巨大的花球。而如今依然名动四方的"十八学士"，花瓣超过 70 枚，排列超过 10 轮。

喜爱山茶的人，沉醉于它的每一种色彩。山茶花色娇媚，甚至使这种植物一度在宋人张翊眼中失去了些许风骨。他编写的《花经》，将山茶花列于名花 9 个等级中偏下的七品。然而尽管如此，凛冬绽放、春日凋落的山茶，也依然赢得了不少文人的青睐。北宋诗人梅尧臣的《山茶花赠李延老》中写道："南国有嘉树，花若赤玉杯。曾无冬春改，常冒霰雪开。"盛赞山茶花凌风傲雪的仙姿。南宋诗人王十朋也赞叹道："一枕春眠到日斜，梦回喜对小山茶。道人赠我岁寒种，不是寻常儿女花。"

就这样，娇美艳丽的色彩、凌寒开放的品格，两种看似不相干的品行，在山茶身上竟奇妙地结合在了一起。这种频频出现在文人笔端的花朵，时而低入红尘嫣然一笑，时而又端坐在万里冰霜之中，仪态万方。

山茶花的美，不仅仅在枝头绽放时。

许多人欣赏山茶花，是在花朵凋零的刹那。一朵山茶花的陨落，如同壮士断腕，决绝而又凄美。山茶花从不将花瓣零零散散散落一地，而是整朵花突然坠地。决然的姿态，加上猩红如血的色彩，很难不让人联想起美人或名士一朝赴死的壮烈与哀婉。

西晋，金谷园。

这座曾经名噪一时的辉煌庭院，最终在一个王朝的暮色中，告别了曾经的纸醉金迷。

金谷园的主人，是当时富甲一方的石崇。在那个政局混乱的年代，石崇最终没有逃脱树倒猢狲散的命运。然而千金散尽并不足惜，最难舍弃的还是人的情感。石崇最喜爱的侍妾绿珠，在受到情郎政敌胁迫的一瞬间，选择了坠楼而亡。

　　绿珠坠楼，成了照亮残酷史册的一缕微光。人们反复吟咏这个经典的瞬间，将千古文人对于忠义与真情的想象，寄托在一位身份低微的女子身上。绿珠坠楼那一刹那的惊心动魄，令人们想起凋零的山茶花。因此，晚唐僧人贯休在《山茶花》一诗中这样写道："风裁日染开仙囿，百花色死猩血谬。今朝一朵堕阶前，应有看人怨孙秀。"辛弃疾也在《浣溪沙·与客赏山茶，一朵忽堕地，戏作》中，留下了"试问花留春几日，略无人管雨和风。瞥向绿珠楼下见，坠残红"的词句。山茶花凋落的美，似乎用另一种方式，让世间的残缺倏尔有了色彩。

　　山茶坠落的凄婉与残损之美，在崇尚含蓄之美的东方，广受欢迎。在日本早期万叶时代的《万叶集》中，描述山茶花的诗歌，多达十首。在诗中，山茶又被称为椿、海石榴等。幕府时代，日本诗歌中一首"老屋凄凉苔半遮，门前谁肯暂留车。童儿解我招佳客，不扫山茶满地花"道尽山茶落花的禅意。

在中国，山茶文化备受推崇的年代当属南宋。那时，无论在江南还是中原，每逢秋冬，总有茶花当街售卖。从南宋开始，南方一些地区出现了茶花生产基地，茶花作为一种商品进入了花市。同时代的杭州、洛阳、扬州等大城市的花市中，购买一株茶花，是一个非常时髦的举动。这种在严寒中开放且花期极长的花朵，在一个又一个风雨飘摇的时代中，抚慰着人们无可奈何、却又不惜一死以求抗争的悲壮情怀。

金庸小说《天龙八部》中，段誉面对王夫人在自家曼陀山庄中种满的山茶花，说道："原来她也是爹爹的旧情人，无怪她对山茶爱若性命，而对大理姓段的又这般恨之入骨。王夫人喜爱茶花，定是当年爹爹与她定情之时，与茶花有什么关联。"山茶花的热烈与哀伤，在一个有关爱与复仇的故事里，依然无可匹敌。

和山茶花的故事里，多的是一见白头，多的是不死不休，多的是繁华落尽后的天凉好个秋。在山茶花的灵魂中，生与死、爱与恨，都随着一场轰轰烈烈的生命历程，谱写着人世间的极致之美。

\ 不扫山茶满地花 \

荷包牡丹·草木之"心"，手有余香

三月，洛阳。这座流转着盛唐气韵的古都，在每一个春天里花团锦簇。植物，在传递色彩与美的同时，也凝聚着人们对于历史钩沉的浮想。

在洛阳隋唐遗址植物园，大片牡丹含苞待放的同时，亭亭如盖的花下，却有一种与众不同的矮小植株，探出纤细的花枝，开出一串串心形的花朵。枝叶相交而成的花荫下，它们小巧而艳丽的花朵排列成串，折射出丝绢一般的光彩。

游人惊叹于它们整齐的排布、富有韵律的美感。常有人误以为它们也是牡丹的一个品种，但是名字中带有"牡丹"二字的它们，却与为其遮阴的牡丹毫无关联。这种被称为荷包牡丹的植物，甫一出现在人类面前，就自带一种特殊的亲和力。自古以来，人类赋予它们的美好含义，并不比倾国倾城的牡丹少。

许是荷包牡丹的美，让它注定拥有非同一般的经历。1846年，

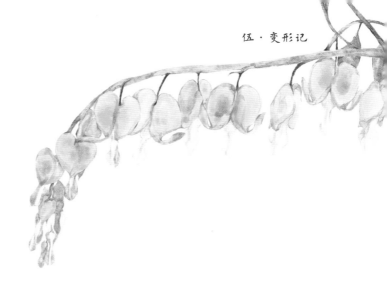

距离洛阳数百公里以外的上海，刚刚 30 岁出头的英国植物学家罗伯特·福琼，将一株荷包牡丹从这里的苗圃寄往英国。谁也没有预料到，漂洋过海后，荷包牡丹的美，再次引起了轩然大波。

在育种热潮的推动下，荷包牡丹以一种来自东方的含蓄美感，惊艳了世界。当荷包牡丹进入以精致、富丽著称的欧洲园林，它低垂的花序，以明亮的色彩，迅速照亮了花园中荫蔽低矮的区域，成为花园中别致而精巧的点缀。不仅如此，英国连日阴雨连绵的寒冷气候，意外满足了荷包牡丹的生长条件——这种花朵喜爱阴凉，在高温湿热的地区过分暴露在阳光下，反而会进入休眠，难以生长。早在宋代诗人周必大笔下，就出现过"鱼儿牡丹，得之湘中，花红而蕊白，状似鱼，累累相比，枝不胜压，而下垂若俯首然，鼻目可辨，叶与牡丹无异"的记载。事实上，长江流域已经是荷包牡丹能够成活的最南端，这种在零下 20 多摄氏度的天气中还能休眠延续生命的植

物不喜湿热，并不适合在我国南方生长。相反，一路向北，来到欧洲的荷包牡丹，就像找到了第二个家。在姹紫嫣红的欧洲园林中，它们迅速被培育出了拥有金黄色叶片的"金色心"、艳红如火的"情人节"、纯白洁净的"阿尔巴"等多个品种。

在西方大受欢迎的荷包牡丹，后来又回到了东方。此时，组培技术的发展，已经让荷包牡丹不像原先那么难以培育。再后来，荷包牡丹摇曳着标志性的铃铛一样的花序，从东方到西方，又带着海洋般自由浪漫的情愫，走进了全世界的园林。

荷包牡丹最经典的颜色，是一种艳而不俗的粉。通常情况下，适合种植在花荫深处的花朵以淡雅的颜色居多。像荷包牡丹这样不需要太多阳光，色彩和形态却如此亮眼的植物，能够填补园林中花荫下的空白。直到今天，荷包牡丹还被种植在包括牡丹在内的许多花下。它不如牡丹那样夺人眼球，却以独特的玲珑俏丽，让一座园林变得层次分明，妙趣横生。

如果走近一株荷包牡丹，那串散发着甜美色泽的小"灯笼"，就会摇摇晃晃地照亮你的心房。

或许是这份独有的乖巧，让上天也对荷包牡丹格外偏爱。它的花朵，不仅拥有鲜明的色彩，还长成了一种对称的心形。植物之美，常常在于对称，但是对称成荷包牡丹这样，并不常见。人类将心形与爱意连接在一起，不知起于何时。而荷包牡丹的花朵，恰好与人类的心思不谋而合，长成了这种在人类世界中非常讨巧的形状。

从植物学上来说，花朵的对称，分为多面对称、双面对称、单面对称和不对称。动物的体态以对称为主，是因为要满足保护内脏、稳定运动等需求。而绝大多数植物并不需要运动，生长方式纯粹根据周围环境的变化而进行适应。因此，植物中的许多种类在漫长的进化过程中，都没有选择全然按照对称的方式生长。在园林俯仰生姿的花朵中，

例如高挑而艳丽的美人蕉，选择抛弃对称轴，随性生长，再如艳冠群芳的牡丹，在一朵花中同时拥有多个对称轴，都没有超出人类对于花朵的想象。而荷包牡丹作为双面对称的花朵，在一朵花中同时存在两个对称轴，在完美击中人类审美的同时，又创造了额外的惊喜。

而对于一切以传粉为要务的植物来说，花序的诞生，本就是为了让昆虫和风能更高效地将花粉传递出去。荷包牡丹的花序，在植物学中被称为总状花序。

不知这串明媚的桃心，曾经带走多少人的遐想。在中国，人们把荷包牡丹的花朵比作女子思念情郎时缝制的荷包，一针一线，丝丝缕缕，全是甜蜜的爱意。荷包牡丹，在精神上寄托了人们的无限情意。

正如自然界的一些物种总是相爱相杀，荷包牡丹拥有的意象多甜蜜，它的内心就有多"冷酷"。科学证实，荷包牡丹中含有一种名为荷包牡丹碱的物质，具有一定的毒性。这是看似甜美的荷包牡丹用以防身的"秘密武器"。然而也正是因为这样些许的毒性，荷包牡丹在人类社会中拥有了多重身份。在中国，荷包牡丹的根茎被称为土当归、活血草。《岭南采药录》记载，这种药材可以散血、消疮毒、除风活血。

在秋冬的寒风里种下荷包牡丹的种子，就像埋下了一个甜蜜的梦想。等到春暖花开，等到风和日丽，一串串绚丽的桃心再度挂满枝头。几乎每一种走近人类社会的花朵，都会拥有自己的花语，荷包牡丹的花语，是永恒而又绝望的爱。就这样，荷包牡丹带着某种矛盾而又统一的情愫，栖身在园林，也在杏林。

多肉植物·人间星河，万物可爱

　　当窗外的最后一抹霞光散落成绮，世界的最后一缕光，点亮了城市丛林中的梦想。

　　人类在方形的城市中寻找梦想，而植物在冷冰的线条与直角之外，触动了人类的灵魂。

　　植物给这个世界减少了多少沉闷？譬如墙角斑驳着只剩下灰白的平面，而蔓延过墙头的桃杏可以带来早春的惊喜；譬如早已碎裂多日的磁盘陷入泥土，而从裂缝中生长出的一朵雏菊，便可创造希望。当人类的生活不断面临寂灭，植物几乎无处不在的生长，总能用这个星球上最本真的色彩，填补无尽的遗憾与无常。

　　我对于多肉的印象，一开始便是如此。

　　无数次地，在单调的办公室格子间里，在简陋的出租房中，只要有人养了一盆小小的多肉，肥嘟嘟的身躯迎着阳光变成半透

明的质地，饱满的叶片精神焕发，日子也仿佛随着多肉的生长，重新变得如此柔软，如此平和。

天长日久，多肉也像习惯了在人类世界中扮演人见人爱的宠物。它们的种类极多，遍布在各个科属之中，外貌也千变万化，因此拥有了千奇百怪的名字和绰号。

莲座类多肉，大多隶属于景天科。这种多肉的叶片簇生成团，就像一朵朵盛开的鲜花。只不过，这些看似花瓣的结构，其实是它们的肉质叶片。春秋时节，叶片中不同色素的累积和变化，让多肉呈现出粉、蓝、黄、紫等多种色彩。大自然的巧合，就像一颗颗照亮人类生活的星子，带来无限诗意。

星美人，叶片像是一颗颗珠圆玉润的卵石，颜色从银蓝到粉蓝、橙色、浅紫，带着珍珠般的光泽。观音莲，状如碧玉莲花，每逢春夏，又围绕"莲花"鞭生出一圈小莲座，恰如观音的万千化身。这类多肉堪称植物界的"交际花"。莲座类多肉依靠简单

的叶片扦插就能成活，而且非常容易诞生新的品种。

生石花类多肉，大多属于番杏科。它们大多数只有两瓣叶片，长相奇特，常常被戏称为"屁股花"。生石花，像极了卵石被中间劈开，凿刻出纹路，浑圆可爱。

阿福花科多肉，叶片顶端大多生长着被多肉爱好者们称为"窗体"的部分。譬如玉露，从每一片叶片的顶端，都能看见其中果冻般的透明质地，一旦连片生长，在光线的照射下便如星河璀璨，玲珑可爱。

还有的多肉，生长着硕大的块根。它们的根部，就像一半突出土壤的萝卜，又从土石般的色彩中长出鲜活的藤蔓，开出热烈的花。索马里葡萄瓮、何鲁牵牛，它们以奇异的美感俘获着不少人的心，激发了人们的无限想象。

人类喜爱多肉饱满的叶片。而对于多肉来说，长出这样的叶片，实则是对于生长环境的回应。许多多肉植物都来自南美洲、非洲等气候干旱的地方。肥厚的叶片，有助于它们为自己储存大量水分。因此，多肉的每个叶片，都像随身携带的水壶一样，可以随时补充水分。此外，多肉并没有过多将注意力放在根系的生长上。很多多肉植物都只有细弱的毛细根，而且执着地喜爱松软透气的土壤。

也许是并不丰饶的原生环境，造就了多肉随和的性格。连名字都充满灵气的多肉，毫无意外地闯进了人类的世界。

微风拂动的苍山，距离城市很远。

苍山上的一切，更像久居城市中的人们心中一个遥远的梦想。

因此，当院中种满了多肉的寂照庵出现在大家眼前时，这个与人们认知反差极大的佛堂，立刻成为大家关注的焦点。

苍山圣应峰南麓，这个得名于"感而遂通，寂静照鉴"的尼姑庵，始建于明，重修于民国。比丘尼们原先是用周围的山石和山下百姓赠予的旧材料修葺屋舍。后来，屋舍渐渐被岁月染上了禅意，人心也愈发安定下来。再后来，比丘尼们用植物代替了香火，无论是在此修行，还是前来礼佛，一株植物奉上，就算是佛前点上了一炷清香，不见香烟，往来却皆是慈悲。

清修的日子总是安静的，苍山温暖的

阳光照射在白墙青瓦的院落中，只有越来越多的植物让气氛热闹起来。也许是巧合，在林林总总的植物中，比丘尼们选择了多肉。靠可爱行走江湖的多肉植物，也确实不负众望。在原本废弃的木船中，看似随意的竹篮中，满满当当的多肉植物，肉质的叶片，从新绿到嫩红，从粉紫到亮蓝，争先恐后，鼓胀出充满生命力的色彩，生生闯进所有人的视野。

此后，寂照庵因为满院的花草而广为人知。不得不说，是这个院落中恣意生长的多肉，让寂照庵中的植物景观殊异于其他寺院，迅速与寻求心灵安稳的年轻人达成了审美的共鸣。

当外面的世界满是坎坷，多肉会拥有治愈一切的力量。

寂照庵所在的大理白族自治州，处在得天独厚的低纬度高原上。大自然似乎把永恒的春天留在了这里。同时留下的，还有人类永恒不灭的，对于爱与快乐的追求。

同样地处亚热带季风区的广西南宁，多肉征服人类的方式更为独特。在这里的田野中，一棵棵仙人掌般的植物向四面伸出枝干，每逢收获季节，便挂满火红的果实。

在亚热带躁动湿热的空气里，火龙果的甜就像是清冽的甘泉。如果不经思索，很难把这种植物与小巧可爱的多肉联系在一起。只有当看见它含有充足汁液的叶片和果实的时候，这种奇特的多肉植物才会渐渐展示出其特有的魅力。

身处成熟的火龙果田地中，会受到视觉和嗅觉的强烈冲击。红色的浆果，汁液饱满，浓香袭人。四处延伸的枝条长着尖锐的刺，像巨人的手臂，似要俘获所有人的关注。传说古代印加人曾经把这种果实奉上神坛,而在当代人的餐桌上,火龙果这种"巨型"多肉,已经用它的带刺的甜美,征服了所有人的味蕾。

大多数多肉植物的形态,具有一种规则而饱满的美感。簇生的肉质叶片,以一定的数目螺旋状排列成圈——这是许多植物共有的生长规律。植物为了减少叶片之间的相互遮挡,进化成了空间利用的大师。适当的叶片数量和排列规则,让每一片叶子都有同等机会沐浴阳光,并且各自享受到舒适的生长空间。

多肉的色彩,和叶片的规律排布一样,对植物自身起着人类难以想象的保护作用。叶片中的叶绿素,可以利用水和二氧化碳制造养料,春夏阳光和水分充足,叶绿素活跃;秋冬时节,叶绿素渐渐被其他的色彩掩盖,此时的多肉便开始异彩纷呈,更加受到人类的喜爱——毕竟,谁不希望自己的窗台上拥有一盆随着季节改变颜色的肉肉的小叶子呢?

静好岁月中,从窗台到田野,从花盆里错落有致的色彩"拼盘",到舌尖无法忘却的甜蜜,多肉和人类一起,不经意间就走过了悠长时光。也许植物的美,与人类总是走在相互"驯化"、相互"成全"的路上。吵吵闹闹,又甜甜蜜蜜。

风滚植物·说走就走的旅行

几乎每一个风滚植物的故事里，都有一场猝不及防的大风。

并不是世界上所有的风都是清风徐来。很多时候，剧烈的大风会扬起风沙，带走水分，摧毁植物赖以生存的一切。

这是风滚植物从出生就要开始面对的课题。在无边无际的荒原上，大风起兮，黄沙遮天蔽日，最后一丝生机随着阳光湮没在尘土背后。苍茫的原野上，生与死，离别与相聚，都显得格外无常。怪不得古人说："飞蓬各自远，且尽手中杯。"古人还说："此地为一别，孤蓬万里征。"在看不见归途的塞外，离散与飘零成为生命的常态。人类与其他物种，都将对安定与团圆的期许压缩到了极致。

生活在这样的环境里的风滚植物，相貌并不起眼。而当人类开始留意到它们的时候，它们已经依靠顽强的生命力，变得气势汹汹，所向披靡。

美国西部的大片原野上，常常狂风肆虐。速度高达每小时

100 多公里的大风，给人类带来的困惑远远不止恶劣天气本身。在这样的疾风中，当地人常常能见到一个个巨大的"草球"，四处狂野奔跑。它们干枯的枝条向内弯曲，相互缠绕，抱团成球。在大风的助力下，这些球状的枯草肆无忌惮地狂奔在高速公路上，堆积在人们的房前屋后。人类妄图报警寻求帮助，但是当警力救援赶到的时候，这些草球或许已经在公路上形成了将近 10 米的路障。

居住在美国西部的人们深受其害，而又无可奈何。这些滚动的草球，在自由奔跑的过程中，还会兼并其他的草团，增加自己的体积。即使人类迅速将它们清理掉，只需要另一阵狂风，一波新的"草球"又将填满整个街区。

这就是令人闻风丧胆的风滚草。

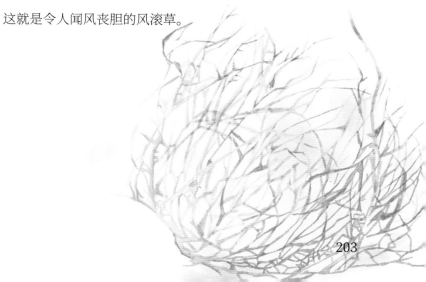

在北美肆虐成灾的风滚草，又被叫作俄罗斯刺沙蓬或者俄罗斯刺蓟。它原本生长在干旱半干旱地区的草原和戈壁滩上。在周围水分尚且够用的时候，这种灌木会成片铺陈在戈壁滩上，碧绿而坚硬的枝条、细小的叶片，能帮助它最大程度阻止体内的水分蒸发。

然而一旦到了旱季，风滚草就会发生奇异的变化。对于不再适宜生长的环境，它们选择果断逃离。

风滚草对于自己扎根的土地并没有多少眷恋。相比于大部分选定了扎根之地就不再离开的植物来说，它们更像流浪的行者。如果自身的力气难以敌过大风，如果所居之地不再适宜生长，任何事情都无法阻止它们对远方的渴望。

在风滚草的世界里，掠过原野的大风再暴虐，都可以"变废为宝"，成为自己奔向远方的助手。干枯的风滚草，会迅速切断自己和根系的连接，运用自己干枯后蜷缩成球的特性，借助风力，成为庞大的"草球"，奔赴下一个可以生根的地点。

当然，这样的一路狂奔也不能白费。风滚草在看似干枯的体内，隐藏着许多小小的"心机"。跟随大风奔赴远方的风滚草，通常都已经结出种子。随着每一次落地，数量庞大的种子被震落在沿途的沙土中。只待狂风席卷过境，新的雨季再次来临，这些种子就有了新的生机。

据说，当年风滚草的种子掺杂在俄罗斯移民携带的亚麻种子中间，被带到了北美中西部。到达异乡的它们，并没有遇到天敌。就这样，风滚草以断臂求生的勇气、极强的生存能力，在北美西部迅速泛滥成灾。它们获取了毫无节制的生存空间，也成了人类的心头大患。

甚至西部牛仔的电影中，都时常出现风滚草的身影。但物种入侵的危害，的确会带来不可忽视的麻烦。正如人类的迁移有可能带来美妙的交流，也有可能陷入无尽的纷争。植物一旦没有按照寻常的方式迁移，对于生态系统的影响，也将远远超出人类的预期。因此，很多地区在引入新物种的时候极为谨慎。对于这些原本不生活在这片区域的动植物，一个地区的生态系统将要面对的，是不断被打破，又不断迎来新平衡的动态过程。

也许永远在路上的风滚草，对此毫不在意。在一棵风滚草的记忆里，沿途的风景只是过眼云烟，唯有永不回头的行走，才能到达适宜生存的远方。

参考文献

崔明昆. 植物民间分类、利用与文化象征：云南新平傣族植物传统知识研究 [J]. 中南民族大学学报：人文社会科学版,2005(04).

高培军, 郑郁善, 陈礼光, 等. 苦竹地下竹鞭结构生长规律调查 [J]. 福建林业科技,2003,30.

哈恩忠. 雍正铲除"箭毒木"[J]. 中国档案,2016(08).

胡光万, 刘克明, 雷立公. 莲属 (*Nelumbo* Adans.) 的系统学研究进展和莲科的确立 [J]. 激光生物学报,2003(06).

花莉. 沙漠中的清泉 [J]. 阅读,2016(89).

孔垂华, 徐涛, 胡飞, 等. 环境胁迫下植物的化感作用及其诱导机制 [J]. 生态学报,2000(05).

李广联. 林中恶魔：杀榕绞 [J]. 云南林业,2003(03).

李剑美, 张媛, 彭艳京, 等. 西双版纳地区 4 种榕树果实的资源分配及其种子萌发特性 [J]. 热带亚热带植物学报,2016,24(06):642-648.

李燕华, 白尚斌, 周国模, 等. 自然保护区内毛竹竹鞭的动态生长研究 [J]. 安徽农业科学,2010,38(18).

刘方农, 刘联仁. 兰花的形态生活和繁殖 [J]. 生物学通报,2003,38(10).

彭少麟, 邵华. 化感作用的研究意义及发展前景 [J]. 应用生态学报,2001(05).

邱尔发, 陈存及, 范辉华, 等. 毛竹种源竹编生长进程研究 [J]. 江西农业大学学报：自然科学版,2002,24(2).

屈小强. 巴蜀竹文化揭秘 [M]. 成都：巴蜀书社,2006.

索尔·汉森. 种子的胜利 [M]. 北京：中信出版社,2017.

王辰, 林雨飞. 七十二番花信风 [M]. 北京：商务印书馆,2020.

王团宗, 李师鹏. 揭开植物开花之谜：成花素的发现 [J]. 生物学通报,2007,42(12).

文彬, 蔡传涛. 濒危植物箭毒木种子萌发的生态特性 [J]. 中南林业科技大学学报, 2008(01).

许再富, 刘宏茂. 西双版纳傣族贝叶经文化与植物多样性保护 [J]. 生物多样性, 1995,3(3)：174-179.

杨超, 李俊英. 对雪岭云杉天然林枯死木的重新认识 [J]. 中国林业, 2010(05).

杨大荣, 彭艳京, 张光明, 等. 西双版纳热带雨林榕树种群变化与环境的关系 [J]. 环境科学, 2002(05).

杨光穗, 黄少华, 徐世松, 等. 海南岛野生猪笼草资源调查及其营养成分分析 [J]. 中国农学通报, 2006(11).

张霜, 陈进. 垂叶榕种子的二次散布：蚂蚁和非蚁传植物互惠关系的新证据 [J]. 生态学杂志, 2008(11).